窘境
的突围

JIONGJING DE TUWEI

人生大学讲堂书系
人生大学活法讲堂

拾月 　主编

主　编：拾　月
副主编：王洪锋　卢丽艳
编　委：张　帅　车　坤　丁　辉
　　　　李　丹　贾宇墨

吉林出版集团股份有限公司
全国百佳图书出版单位

图书在版编目（CIP）数据

窘境的突围 / 拾月主编. -- 长春：吉林出版集团股份有限公司，2016.2（2022.4重印）

（人生大学讲堂书系）

ISBN 978-7-5581-0739-9

Ⅰ. ①窘… Ⅱ. ①拾… Ⅲ. ①成功心理－青少年读物 Ⅳ. ①B848.4-49

中国版本图书馆CIP数据核字（2016）第041340号

JIONGJING DE TUWEI

窘境的突围

主　　编	拾　月
副主编	王洪锋　卢丽艳
责任编辑	杨亚仙
装帧设计	刘美丽

出　　版	吉林出版集团股份有限公司
发　　行	吉林出版集团社科图书有限公司
地　　址	吉林省长春市南关区福祉大路5788号　邮编：130118
印　　刷	鸿鹄（唐山）印务有限公司
电　　话	0431-81629712（总编办）　0431-81629729（营销中心）
抖 音 号	吉林出版集团社科图书有限公司　37009026326

开　　本	710 mm×1000 mm　1 / 16
印　　张	12
字　　数	200 千字
版　　次	2016 年 3 月第 1 版
印　　次	2022 年 4 月第 2 次印刷

书　　号	ISBN 978-7-5581-0739-9
定　　价	36.00 元

如有印装质量问题，请与市场营销中心联系调换。0431-81629729

"人生大学讲堂书系" 总前言

　　昙花一现，把耀眼的美只定格在了一瞬间，无数的努力、无数的付出只为这一个宁静的夜晚；蚕蛹在无数个黑夜中默默地等待，只为了有朝一日破茧成蝶，完成生命的飞跃。人生也一样，短暂却也耀眼。

　　每一个生命的诞生，都如摊开一张崭新的图画。岁月的年轮在四季的脚步中增长，生命在一呼一吸间得到升华。随着时间的推移，我们渐渐成长，对人生有了更深刻的认识：人的一生原来一直都在不停地学习。学习说话、学习走路、学习知识、学习为人处世……"活到老，学到老"远不是说说那么简单。

　　有梦就去追，永远不会觉得累。——假若你是一棵小草，即使没有花儿的艳丽，大树的强壮，但是你却可以为大地穿上美丽的外衣。假若你是一条无名的小溪，即使没有大海的浩瀚，大江的奔腾，但是你可以汇成浩浩荡荡的江河。人生也是如此，即使你是一个不出众的人，但只要你不断学习，坚持不懈，就一定会有流光溢彩之日。邓小平曾经说过："我没有上过大学，但我一向认为，从我出生那天起，就在上着人生这所大学。它没有毕业的一天，直到去见上帝。"

　　人生在世，需要目标、追求与奋斗；需要尝尽苦辣酸甜；需要在失败后汲取经验。俗话说，"不经历风雨，怎能见彩虹"，人生注定要九转曲折，没有谁的一生是一帆风顺的。生命中每一个挫折的降临，都是命运驱使你重新开始的机会，让你有朝一日苦尽甘来。每个人都曾遭受过打击与嘲讽，但人生都会有收获时节，你最终还是会奏响生命的乐章，唱出自己最美妙的歌！

正所谓，"失败是成功之母"。在漫长的成长路途中，我们都会经历无数次磨炼。但是，我们不能气馁，不能向失败认输。那样的话，就等于抛弃了自己。我们应该一往无前，怀着必胜的信念，迎接成功那一刻的辉煌……

感悟人生，我们应该懂得面对，这样人生才不会失去勇气……

感悟人生，我们应该知道乐观，这样生活才不会失去希望……

感悟人生，我们应该学会智慧，这样在社会上才不会迷失……

本套"人生大学讲堂书系"分别从"人生大学活法讲堂""人生大学名人讲堂""人生大学榜样讲堂""人生大学知识讲堂"四个方面，以人生的真知灼见去诠释人生大学这个主题的寓意和内涵，让每个人都能够读完"人生的大学"，成为一名"人生大学"的优等生，使每个人都能够创造出生命中的辉煌，让人生之花耀眼绚丽地绽放！

作为新时代的青年人，终究要登上人生大学的顶峰，打造自己的一片蓝天，像雄鹰一样展翅翱翔！

"人生大学活法讲堂" 丛书前言

　　"世事洞明皆学问，人情练达即文章。"可见，只有洞明世事、通晓人情世故，才能做好处世的大学问，才能写好人生的大文章。特别是在我们周围，已经有不少成功的人，他们以自己取得的骄人成绩向世人证明：人在生活面前从来就不是弱者，所有人都拥有着成就大事的能力和资本。他们成功的为人处世经验，是每个追求幸福生活的有志青年可以借鉴和学习的。

　　幸运不会从天而降。要想拥有快乐幸福的人生，我们就要选择最适合自己的活法，活出自己与众不同的精彩。

　　事实上，每个人在这个世界上生存，都需要选择一种活法。选择了不同的活法，也就选择了不同的人生归宿。处事方式不当，会让人在社会上处处碰壁，举步维艰；而要想出人头地，顶天立地地活着，就要懂得适时低头，通晓人情世故。有舍有得，才能享受精彩人生。

　　奉行什么样的做人准则，拥有什么样的社交圈子，说话办事的能力如何……总而言之，奉行什么样的"活法"，就有着什么样的为人处世之道，这是人生的必修课。在某种程度上，这决定着一个人生活、工作、事业等诸多方面所能达到的高度。

　　人的一生是短暂的，匆匆几十载，有时还来不及品味就已经一去不复返了。面对如此短暂的人生，我们不禁要问：幸福是什么？狄慈根说："整个人类的幸福才是自己的幸福。"穆尼尔·纳素夫说："真正的幸福只有当你真正地认识到人生的价值时，才能体会到。"不管是众人的大幸福，还是自己渺小的个人幸福，都是我们对于理想生活的一种追求。

　　要想让自己获得一个幸福的人生，首先就要掌握一些必要的为人处世经验。如何为人处世，本身就是一门学问。古往今来，但凡有所成就之人，无论其成就大小，无论其地位高低，都在为人处世方面做得非常漂亮。行走于现代社会，面对激烈的竞争，面对纷繁复杂的社会关系，只有会做人，会做事，把人做得伟岸坦荡，把事做得干净漂亮，才会跨过艰难险阻，成就美好人生。

那么，在"人生大学"面前，应该掌握哪些处世经验呢？别急，在本套丛书中你就能找到答案。面对当今竞争激烈的时代，结合个人成长过程中的现状，我们特别编写了本套丛书，目的就是帮助广大读者更好地了解为人处世之道，可以运用书中的一些经验，为自己创造更幸福的生活，追求更成功的人生。

本套丛书立足于现实，包含《生命的思索》《人生的梦想》《社会的舞台》《激荡的人生》《奋斗的辉煌》《窘境的突围》《机遇的抉择》《活法的优化》《慎独的情操》《能量的动力》十本书，从十个方面入手，通过扣人心弦的故事进行深刻剖析，全面地介绍了人在社会交往、事业、家庭等各个方面所必须了解和应当具备的为人处世经验，告诉新时代的年轻朋友们什么样的"活法"是正确的，人要怎么活才能活出精彩的自己，活出幸福的人生。

作为新时代的青年人，你应该时时翻阅此书。你可以把它看作一部现代社会青年如何灵活处世的智慧之书，也可以把它看作一部青年人追求成功和幸福的必读之书。相信本套丛书会带给你一些有益的帮助，让你在为人处世中增长技能，从而获得幸福的人生！

第 1 章　窘境是生命的馈赠，挫折是上帝的礼物

第3章　在窘境中百忍成金，收获博大胸襟

第4章　在窘境中甘之如饴，保持积极的心态

第5章　在窘境中虚怀若谷，稳步前行

第 **1** 章

古人说："天将降大任于斯人也，必先苦其心志，劳其筋骨，饿其体肤，空乏其身，行拂乱其所为，所以动心忍性，增益其所不能。"其实，苦难是上天给我们的恩赐，让我们去成就一番事业。只有在磨难之中坚持到底，超越了苦难，才能发现得到的要比失去的多很多。

第一节　生于忧患，死于安乐

　　在漫长的人生道路中，所有人都希望自己走在一条康庄大道上，可是窘境却往往会不期而至。比如学习成绩的落后、工作上的失误、竞争上的失利以及家庭悲剧的发生。这些挫折几乎所有人都能遇到，然而，人们面对窘境的心态却有着天壤之别。绝大多数人都觉得，生活中的坎坷、窘境都是坏事，但窘境真的是有百害而无一利吗？

　　孟子云："生于忧患，而死于安乐也。"对人的一生来说，逆境和忧患不一定都是坏事。生命说到底是一种体验，所以，对逆境和忧患的体验是人生的一笔宝贵财富。当你回首往事的时候，可以自豪而欣慰地说："一切都经历过了，一切都过来了！"这样的人生，是不是比那些一帆风顺，没有什么特别体验的人生要丰富得多，有价值得多呢？

张海迪微笑面对窘境

　　张海迪是我们熟知的与逆境搏斗的人物，她面对残酷的命运并没有沉沦和沮丧，她用坚强的毅力和恒心与病魔对抗，经历了严峻的考验，对人生充满了热爱，笑对窘境。虽然张海迪没有机会走进校园，但她却没有放弃过学习，她先后自学了大学英语、日语和德语。我们身边一些忙忙碌碌的人们，也都有着自己的烦恼和窘境，但是当太阳升起和落下的每一天，他们仍然微笑面对。

实际上，上帝并不偏爱任何人，上天赐予我们财富的同时，还给了我们一个名为窘境的东西。每个人对挫折都有着不同的解读，如果有件事情你无法改变，那就应该改变自己去适应生活赐予的磨难。痛苦还是微笑着过一天？我们当然要选择笑着生活！

别被眼前的困境吓跑

美国克莱斯勒汽车公司的领导李·艾柯卡最初在福特公司打工，他在工作中由于不被信任而遭遇了下岗的命运。但是，正是这次的辞退激发了他的自尊心，他并没有被眼前的困境吓跑，反而从此发奋，最终成就了一番事业。

同样的挫折和不顺，为什么有些人会陷入窘境无法自拔，有些人却通过窘境的考验，取得了成功呢？通过上面的事例我们可以发现，成功的人都能够正确认识到自己遭到挫折的原因，增强自己的自信心、自尊心、感情的自我控制和主观能动性。他们把窘境当成自己的朋友，在窘境中冷静地面对现实，从而战胜窘境，结果让自己蜕变成了成功人士。相对的，有些学生在高考失利之后心灰意冷，有些甚至积郁成疾，精神异常，更有甚者选择自杀结束自己的人生。由此可见，他们只看到损失和困难，焦躁不安或怨天尤人。他们视窘境为敌人，整天让自己沉浸在悲观和失望之中，为了逃避甚至厌食或滥用药物和酒精来消愁。这就是对待窘境的两种心态导致的截然不同的结果。

窘境可以催人进步

20 世纪 90 年代时，有报纸报道了关于安徽省涡阳县妇女刘玉霞的真实故事。她于 1983 年高考落榜，回到家乡务农的时候发现，当地的农民依然使用传统的耕种模式，耗能又低效。她当时就立下决心，一定要改变家乡落后的状况。一年以后，她凭着自己的文化知识和钻研精神当上了村里的科技主任。年复一年，她始终坚持向农民们灌输科学思想，传授给他们新的知识和技术。努力没有白费，刘玉霞扶持出一批又一批的科技示范户，让科学的思想和技术在自己家乡的土地下扎下了根。1995 年 9 月 4 日，在北京怀柔举办的非政府组织妇女论坛上，刘玉霞用自己的亲身经历告诉了来自各地的人们，只要用正确的心态来面对困难和坎坷，正面接受它，和它融为一体的进行分析，最终必能获得成功。

从刘玉霞的例子可以看出，窘境也是能够让人进步的。首先，人们应该在面对窘境时调整自己的情绪，用平静的心态了解自己的优点与不足，总结失败的经验教训。其次，应该学会在窘境之中发现机会，全面分析当时的形势，找找自己还有哪些路可走，事情还有没有转机。就如同鲍狄埃所说的："力量不在别处，就在我们自己的身上。"

美国芝加哥大学的梅迪博士为了验证"如果用正确的态度对待精神压力，就能让逆境有助于而不是损害健康"的观点，和他的同事在 20 世纪 70 年代中期就开始对公司里的数百名员工的个人经历进行了调查，来评估其精神的应变能力和才能的发挥程度，从而评价他们的"个人胆识"。

通过调查结果，梅迪发现，在都市中生活的人们拥有无限的创造力，他们具有对抗困境的能力。研究证明，精神压力导致疾病的人，是因为他们面对逆境时没有正确的态度。人生不可能诸事顺利，逆境也是生活的一部分。当生活中遇到事业破产等偶然事件时，人们原本就有潜在的正确的应对能力。因势利导，化弊为利才是有益于身心健康的现实主义态度。

根据心理学做出的解释，人在面对逆境时往往有三种反应：一是陷入痛苦，二是幻想逃避、盼望出现奇迹，三是坦然接受并设法解决。所以，对待逆境的心态是决定成败的关键因素之一。当我们身陷逆境的时候，首先要做的就是调整心态，及时转变观念，用正确的心态来面对一切困难。要把困难当成一个个体，应该运用自己的智慧，积极寻求自救的办法，而不是自暴自弃，破罐子破摔。成功的道路原本就崎岖不平，正确地面对逆境是成功最重要的方式之一。

第二节　不经风雨的都是温室弱苗

生活的道路虽然不是坦途，却也不会永远都是泥沼。就像行船的水手，有哪一个没有经历过风浪！真正优秀的水手，都是在大风大浪中磨炼出来的。

我们似乎到处都能听到人们消极的言语。他们缺少信心，为自己的胆怯找借口，把一切归结为命运。

其实，任何一个成功者都不可能长处顺境，真正的有志之士会始终不渝地追求自己的理想，不管前方是沼泽还是风暴，他都会全心全意做好自己眼前的事情，在困难面前，坚持不懈。

就如爱迪生所言："伟大的人物最明显的标识就是他具有坚忍不拔的精神，不论环境变化到何种程度，他的初衷和希望仍然不会有丝毫的改变，最终克服障碍，达到所期望的目的。"相反，温室的弱苗，一转移到室外，必然经受不起风吹雨打。

在苦难中成长

在法国，有这样一则流传于世的故事。

在里昂的一次宴会上，客人们在主人家看到一幅油画，由于不知道画的内容是表现古希腊神话还是表现历史，大家发生了激烈的争论。主人在一旁看见，担心争吵加剧，就吩咐自己的一位仆人上前对油画做出解释。客人们心中十分不快，但碍于主人的面子，打算耐着性子听一下，结果却被这位仆人简洁清晰并极富说服力的话语给震惊了。客人们的争论因此而停止，大家对这位貌不惊人却言语压众的仆人充满好奇。一位客人十分客气地询问仆人毕业于什么学校，仆人回答说："我在很多地方学习过，然而学习的时间最长、让我收获最多的，是我所经历的苦难。"当时谁也不知道，这个年轻的仆人就是后来用智慧震惊整个欧洲的哲人，法国最伟大的作家——卢梭。

古人说："天将降大任于斯人也，必先苦其心志，劳其筋骨，饿其体肤，空乏其身，行拂乱其所为，所以动心忍性，增益其所不能。"卢梭正是因为清楚地领会了这个道理，才成了举世闻名的伟人。其实，苦难是上天给我们的恩赐，让我们去成就一番事业。只有在磨难之中坚持到底，超越了苦难，才能发现得到的要比失去的多很多。

发愤图强的司马迁学识渊博，为人正直，但由于为朋友进谏，触怒了武帝，导致判罪入狱，隐忍着活了下来，终于完成了我国最早的一部纪传体通史《史记》。

被朝廷"赐金还乡"的诗人李白，他的桀骜不驯令他赢得了大江南北朋友的一致赞赏。一曲"君不见，黄河之水天上来，奔流到海不复回"让我们领略了他的豪迈和洒脱；而"安能摧眉折腰事权贵，使我不得开心颜！"又道出了一个男子汉的气节；"天生我材必有用，千金散尽还复来"又让我们感受到一个大度、浪漫、飘逸的才子的非凡气度！

以豪放而名满大宋的苏轼，经历过被贬的伤痛，"大江东去，浪淘尽，千古风流人物"正是他被贬黄州时而作，道出了一代才子的气魄和胆识；"但愿人长久，千里共婵娟"又流露出诗人细腻与执着的情感；"十年生死两茫茫，不思量，自难忘"当中的那份柔情，那份眷恋，那份真诚，溢于言表。

这些流芳百世的人物，无一例外的经历了磨难，却创造出震惊后世之作，留下了永不熄灭的美名。

在人生旅途中，有风和日丽的日子，也有狂风暴雨的时候。面对磨难，要么主动迎接，要么被动去承受。主动迎接磨难的人，在忍受痛苦磨炼的时候，内心是坦然的，磨难令他好像刀锋磨出锋芒。被动地承受磨难的人，在磨难中煎熬的同时，内心惶恐不安，磨难令他仿佛卵石愈见圆滑。我们应该明白，磨难是上天给予的智慧之爱。

窘境中的胡杨林

几年以前，小张和小王在沙漠中各自种了一片胡杨树。小张在树苗成活之后每隔几天就来给它们浇水，而小王在树苗成活之后便不再浇水了，只是把被风刮倒的树苗扶正。几年之后，两片胡杨树都长高长粗了。有一天，沙漠里刮起了狂风沙尘，等风停下来以后，小张种的树苗几乎全部被刮倒，有些还被连根拔起，而小王种的只是被风吹折了一些树枝和树叶。小张觉得很不可思议，就去请教小王。小王笑说，经常给树浇水施肥，它的根就不往泥土的深处扎，而栽活之后不再打理，它就会靠自己的力量往地底深处去吸取水源，而这些深入的根稳固了树苗，它们就不会再轻易被暴风刮倒了。

由此可见，磨难是成功的益友，窘境是人生的摇篮。就像那些经历过风暴的胡杨树，因为平时自己努力汲水，在真正的困难面前，就不会被打倒。人亦如此，如果身边的人都对他宠爱有加，他养成了惰性以后，再遇到挫折就不能自己解决，也没法应对变化着的社会。

成功者之所以能成功的原因之一，就是因为无论身处任何环境，都积极乐观的面对。对人生而言，总是从平坦中获得的教益少而浅，从磨难中获得的教益多而深，面对困难绝不能妥协，面对压力不可以退缩。我们始终要记住：真正优秀的人，都是经历过风雨洗礼的。

在温室里面，脆弱的花朵争相开放，尽管外面雷电交加、大雨倾盆。然而一旦遭受雷雨，它便无助地变成一堆可悲的垃圾，它脆弱的花瓣会被冲走。温室的花朵太过脆弱以至于它们不能在野外生存，而杂草总是丛生。

这恰恰证明了一个简单的事实：过多的舒适就会宠坏自己。现在的年轻人，时常和"温室花朵"扯上关系。然而，我们所处的世界不是温室，这些被惯坏的弱者怎样在强烈的竞争中取得胜利？一般来说，暴风雨并不仅仅会给我们造成伤害，还会给我们的身心带来挑战。我们需要的不是现代的奢华，而是疲惫的劳动，严厉的训练和充满挑战的人生，这才是我们成长、个性形成和能力发展的需要。

生活是艰苦的，我们一定要让自己坚强起来。做温室里的弱苗是多么的无聊和无力，要相信生活中若没有痛苦和不幸就不会有收获，不会有成功。让我们走出"温室"看一看迷人的世界，去经历一下风雨，去迎接前方的巨大挑战。

第三节　窘境是人生的必修课

对窘境说感谢

人人都懂得"滴水之恩当涌泉相报"的道理，却很少能听到有人感谢那些折磨自己的事。我们必须搞清楚，那些折磨你的事情不一定全是坏事，或许它会让你从中学会如何面对伤害，重新认识挫折并不停寻找出路，最后突然醒悟发现全新的自己。

想要拥有一个不一样的人生，我们就要认清那些折磨过自己的人和事。当我们的心化浮躁为平静之后就会认识到，生命中的每件事、每个人，都可能给我们一个获得能量、升华自己并向更高更远处前进的机会。

知名作家罗曼·罗丹说："只有把抱怨别人和环境的心情转化成上进的力量，才是成功的保证。"我们每一个人也只有学会感谢那些曾经折磨过自己的人或事，才能让自己心中一片辽阔，才能重新认识自己。

每个人都拥有一个未知的人生，很多事情都是难以预料的。人生在世免不了要遭受痛苦，像是不可抗拒的天灾人祸，遭遇灾荒或乱世，患上危及生命的疾病，失去亲人朋友，还有那些发生在生活中的重大挫折，比如失恋、离婚、事业失败等。

人的一生总要经受许许多多的磨难，承受各种各样的痛苦。有些人在面对种种折磨时，选择听天由命，最后平庸地度过自己的一生。而有些人则超越了这一切，最终拥有幸福快乐的一生。获得不一样的人生并不难，只需要我们换个角度看待世界，不用消极的态度去看待那些带给我们苦难的事情。这样做，折磨我们的那些事就会转变成一种促进我们成长的积极因素。

你在遭受工作的折磨吗？在承受失恋的伤害吗？还是在经受病痛的打击吗？不管我们正在遭受什么样的折磨，都应该对折磨我们的事情抱有一种感激的态度。因为那是命运赐给我们一次战胜自我、挑战自我、升华自我的机会。

生命就是一个不断蜕变的过程，只有经历了各种各样的磨难，才能增加生命的厚度。一个学会感谢折磨的人，总会发现一个心想事成的自己，或许在别人眼中，痛苦、挫折和失败如洪水猛兽一般可怕，但在他们眼中却自有美好之处，也正是经历了这些，他们的人生才变得与众不同。

在这世上，唯有一件事情比遭遇折磨还要糟糕，那就是从来不曾被折磨过。因为，当一个人受尽折磨的时候，他的潜能才会被激发出来，只有这样，他才能够越挫越勇，逼着自己去突破现状。

然而，现实中的大部分人却从不曾感谢过生命中的那些折磨，他们总是想尽办法，为自己编织各种理由和借口，稍有困难和危险，他们就会马上退缩，或绕着问题走开。他们就像下面故事里的那群学生，事情摆在眼前，却没有一个人有勇气迎难而上。

在一间黑漆漆的屋子里，教授带着10个学生走过一座独木桥。教授告诉学生，什么都不用想，只要跟着自己走就行了。这10个学生跟在教授后面，如履平地一般，都稳稳当当地走过了独木桥。

然后，教授把屋子里的灯一盏盏打开，众人往桥下一看，吓得面如土色。原来桥下水池里有十几条鳄鱼正来回游着。这时，教授一个人不慌不忙地走到了桥的另一端，对对面的学生说："不用担心，我们已经做好了相应的保护措施，很安全。你们也再走过来试试？"

学生们纷纷摇头，没有一个人愿意再过一遍独木桥了。

一个学生问："如果我们掉在桥下的网上，把网砸破了该怎么办？"

"桥和水池之间的那个铁丝网很结实，就算你们落在上面也不会发生任何意外。"教授回答。

又有人问："如果鳄鱼跃出水面，把网撕破，我们不就危险了吗？"

"这个问题你们大可以放心，我们已经做了很多次实验，鳄鱼是够不到那张网的。"教授再次解释说。

学生们你一个问题，我一个问题，教授都一一耐心解答。当他们的所担心和不确定因素都被教授否决，并确保他们的人身安全之后，大家还是顾虑重重，没有人肯来冒这个险。

这仅仅是一次实验而已，对那些学生，也不必指责。可是，通过这次实验，我们却可以看清楚一些人遇到困难时的表现。在生活中，很多事情都是避无可避的，这些问题逃避不了，就必须面对。

当我们经历那些生活中的磨难时，又该如何看待呢？心态影响命运，同样也影响了怎样看待那些折磨我们的事情。

观念的不同决定了心态的不同。一个人的人生观、价值观、爱情观、事业观等，互相交织在一起，共同左右着他的人生方向，影响着他的整个人生质量。一个人能不能感谢那些曾经折磨过自己的事情，并从中吸取教训，和他的心态、观念密不可分。

我们必须弄清楚一个事实，就是每个人都是在逆境和挫折中前进的，生命的每一次飞跃都是在经历了各种挫折之后才豁然开朗。正是因为经历并超越了这些逆境和挫折，我们的人生才获得了意义和辉煌。

因此，我们要懂得感谢那些折磨过自己的人和事。否则，我们就会陷入自以为是的思维怪圈中无法自拔，就难以在失控中学会自我驾驭的本领，就无法懂得怎样在痛苦中把握幸福的法则，就不会清楚是什么在阻碍自己前进，如何让自己变得强大起来。

把窘境当成人生的必修课

我们应该向折磨过自己的事物致敬，是它们让我们明白了自己为什么会陷入人生的泥潭，怎样把成功所必须经历的事情坚持下来。同时，它还能让我们明白怎样提高自己做事的效率，怎样让自己从平庸变得优秀，再由优秀走向卓越。

尤其是当今时代，社会的竞争日趋激烈，不断增长的生存压力迫使人们的各种观念受到严重的冲击。随着我们要面对的难关越来越多，很多人因此陷入了失控、痛苦、疲惫、浮躁、焦虑、迷惘的状态之中，这就更加要求我们要正确对待生命中的苦难和折磨。

英国作家萨克雷在《名利场》中写道："生活好比一面镜子，你对它笑，它也对你笑；你对它哭，它也对你哭。"生活中的挫折不也正如这面镜子一样吗？做一个健康的人，就应当学习皮球精神，笑对挫折，感激挫折。

把窘境当成人生的必修课。窘境中产生的挫折感也是一个人精神生活必需的营养品，没有它，人就会因"缺钙"而患上软骨病。近年来，许多家长把"物质丰富、精神赤贫"的孩子送到特别重视挫折体验教育的特殊学校，目的就是让孩子在挫折中更加成熟。美国专门出版了《失败》杂志，日本则成立了"活用失败知识研究会"……没有窘境的人生，不是完整的人生；不能超越窘境的人生，不是成功的人生。

把窘境中的挫折当成人生的调味品。漫漫人生道路上，"逆境是常态，顺利是意外"。挫折与人如影相随，所以世人才有"人生不如意事十之八九"的感叹。挫折仿佛就是生活中的绿叶，心甘情愿地衬托出成功的红花妖艳夺目。正是由于经历过挫折与失败的洗礼，我们才能拥有"宠辱不惊，看庭前花开花落；去留无意，望天上云卷云舒"的平和心态。感谢挫折，它让我们在磨难中领悟到酸甜苦辣的多味人生。

把挫折当成人生的铺路石。爱因斯坦说过："我要反复思考好几个月，虽然有99次结论是错误的，但是第100次我找到了正确的答案。"爱迪生对失败和挫折的看法是，"失败也是我所需要的，它与成功一样对我具有价值"。踏着由挫折铺就的台阶，一步一个台阶地向目标努力，我们才能走向成功。

英国诗人雪莱曾说："如果你过分珍爱自己的羽毛，不使它受一点损伤，那么，你将失去两只翅膀，永远不再能够凌空飞翔。"

窘境是人生的必修课，是人生的必经之路，是人生的财富。经过窘境的磨炼，人就拥有坚强有力的翅膀，拥有灿烂辉煌的未来。

第四节　窘境是成长的转折点

俗话说："天才免不了障碍，因为障碍会造就天才。"为什么会有这种说法呢？通过对历史和现实的观察我们可以发现，很多身患残疾的人却能创造出比健康的人更大的成就。

司马迁曾写道："盖文王居而演《周易》；仲尼厄而作《春秋》；屈原放逐，乃赋《离骚》；左丘失明，厥有《国语》；孙子膑脚，兵法修列；不韦迁蜀，世传《吕览》；韩非囚秦，《说难》《孤愤》；《诗经》三百篇，大抵贤圣发愤之所作为也。"这样看来，窘境似乎真的可以成就一个人。而仔细想来就会发现，真正获得成功的，都是敢于迎接窘境，克服窘境的人。

直面窘境，绝境逢生

有一个人在海上航行的时候船翻了，只好靠着一块木板在水上漂浮，每天抓活鱼吃，喝海水。靠着自己顽强的意志，这个人终于在两个月后被海岸巡逻队发现了，救上了岸。这是个平凡人的传奇故事，他因为自己顽强的意志和对困难的态度，从而获得了与死亡交战的胜利。与其相反的是，有些人则一点也不相信自己，从而致使自己事业失败、婚姻失败……最终使自己抱憾终身。

　　清朝的郑板桥写过这样一首诗："咬定青山不放松，立根原在破岩中。千磨万击还坚劲，任尔东西南北风。"郑板桥写的正是竹子那种坚强的意志力，以及面对困难的态度。天底下有很多像竹子一样的人，鲁滨孙就是一个代表。

　　鲁滨孙在和船队失散之后，在孤岛上靠着少得可怜的食物活了下来，皇天不负有心人，在孤岛上生活了28年的鲁滨孙，被一支路过的船队救了回去。

　　想成功，最重要的就是自己的态度，只有端正自己的态度，有勇气迎接挑战，成功才会降临到你的身上。

　　逆境一方面给予人们困苦、饥饿、疲劳和忧愁，让人总是不尽如人意。另一方面，正是因为这些困难，磨炼了人们的意志，让他们在不断的克服困难求得生存的过程中增添了聪明才干，最后终于成才。天灾人祸随时都能改变我们的人生际遇，身处逆境不能一直被逆境困住手脚。

　　别林斯基说过："逆境是最好的大学。"所以，对于发奋的人来说，逆境反而是磨炼意志的砥石。

　　古人的这一智慧在当今的企业竞争中也有所体现。在复杂多变的社会环境和市场竞争中，随时随地都有可能出现影响生存和发展的危机。在危机中，有些企业会渐渐走向衰退；有的企业却因为应对自如而得以蓬勃发展。成功的企业都不断地调整自己，让自己顺应社会发展变化的规律，让自己立于不败之地。作为企业、团队的一分子，企业的精神是由每一位成员的精神相加而成，只有每个人都有笑对困难的冷静和勇气，才能让自己的发展再往上迈进一个台阶。

在窘境中重生

美菱电器曾经在2001年的时候报亏3亿多元。为了让公司亏损的局面得到改善，美菱公司采取了各项措施，通过加强管理和调整产品，控制费用，降低成本，不间断地开发特种冰箱客户，巩固传统的电冰箱业务的同时，重点发展洗衣机业务。到了2002年，公司销售了105.38万台电冰箱，而洗衣机销售了12.8万台，增长速度达到了240.7%，使业务收入在短时间内增长到了7269万元，同时，空调也在国内外市场取得了良好的销售成绩。

窘境就像影子一样伴随着我们的人生。人的一生总有不景气的时候，这个时候，就应用冷静理智的办法去面对它、解决它、征服它，它就会为你的生命带来最可贵的财富。

逃避窘境的后果

1989年3月24日，美国埃克森公司发生了一件对当今企业很有警示作用的事件。当时，公司的一艘巨型油轮在阿拉斯加州美、加交界的威廉王子湾附近触礁，致使原油泄漏并在海面上形成一条长达800千米的漂油带，大量的海洋鱼类因此而死亡，严重地破坏了当地的生态环境，同时也影响到了当地的水产业。发生这一状况后，埃克森公司既不对公众和当地政府公开道歉，又不及时采取有效措施清理泄漏的原油，这种"不作为"的举动使事态进一步恶化，污染区愈来愈大。到了3月28日，原油泄漏量已达1000多万加仑，造成美国历史上最大的一起原油泄漏事故。十分不满的美、加当地政府以及环保组织、新闻界对埃克森公司这种置公众利益于不顾的恶劣态度十分气愤，群起而攻之，发动了一场"反埃克森运动"。事件惊动了总统，总统于当日派出运输部长、环保局局长等高级官员组织特别工作组，前往阿拉斯加进行调查。结果，迫于社会压力，埃克森公司不得不赔偿了几百万美元用于清理油污，再加上客户抵制、赔偿罚款，共损失了几亿美元，公司的形象更是在公众眼中一落千丈。

企业在市场竞争中难免会遭遇各种状况，但面对同样的不利条件，有的企业可以长久地发展下去，有的企业却是以失败告终。通过分析，我们不难发现，成功的企业都有着一个共同的特点，就是接受不能改变的事情，做好能够把握的事情。埃克森公司后来会走向失败，就是由于他们没能在第一时间接受公司遭遇的困境，而是选择一味的逃避。

人生如果没有窘境的出现，就像是一张没有色彩的白纸。确实，人生之中遭遇窘境并不可怕，只要你勇敢地接受它，挑战它，你的人生一定会获得最完美的颜色。

生命如诗，岁月如歌。生命是美好的，同时，生命中也从不缺少挫折和坎坷，这是对生命的考验，也是生命的契机。在生命的成长中需要挫折，更需要有对待挫折的良好心态。在我们的成长过程中，遭遇窘境总是难免的，那些挫折会令一些人从此一蹶不振，甚至被浪涛所吞没；而另一些人则勇敢地面对窘境，让自己的生命之根扎得更深。这就是两种截然不同的结果。所以我们需要有不怕挫折的积极态度。

有些人会说："挫折像灾难，彻底摧垮我的生活；挫折像一堵墙，让我走投无路。"而另一些人则会说："挫折像高山，跨过去豁然开朗；

挫折像彩纸，可以画出更美丽的图案。"面对挫折，心态不同就会带来不同的结果，只有积极的心态才会成就我们的事业。

面对窘境不灰心

爱迪生发明电灯的时候，曾先后实验了7600多种材料，失败了8000多次。有人对爱迪生赞叹道："你失败了8000多次，真了不起！"爱迪生回答道："先生，你错了，我只是证明了7600多种材料不适合做灯丝而已。"最后，他成功了。

当我们在成长过程中遇到挫折，坚决不要灰心，一定要用积极的心态去面对困难，这样我们的生命之根扎得才会更深。

成长需要挫折，需要面对困难和挫折时的积极心态来成就自己的事业。要想成就自己的事业，就要认真分析和解剖挫折产生的原因，在成长中做到不畏惧挫折，敢于向挫折挑战。

第五节　窘境是人生的一剂清凉散

《小窗幽记》中有这样一句话："安得一服清凉散，人人解醒。"对我们的人生而言，窘境就是一剂清凉散。

人在旅途，能一路畅通无阻的人少之又少。从出生开始，人就在得意与失意之间生活。得意时，如浸泡在蜜水之中，喜悦万分；失意时，如饮黄连之汁，苦不堪言。况且，对大多数人来说，在人生的长河中，挫折、磨难、逆境多于坦途、顺利、成功。如果不善待挫折和失意，终日烦恼、怨愤，被失意所击倒，久而久之，必然劳其心志，伤其体魄，贻误大事。

高考落榜、下岗失业、找工无果、事业无成、求爱遭拒、婚姻破裂……窘境在生活中无时不在，无处不有。关键是如何面对窘境。一次失意，如同品尝一杯人生苦酒，也是对人生的一次严峻考验。尝过一番苦辣，历经一次考验，就像是跨过人生的一道坡坎，同时超越一次自我。

窘境会使人冷静地反思，从而正视自己的缺点和弱项，努力克服不足，驾驭生命的帆船，乘风破浪，立志一搏，从失意的废墟上重新站起。

遭遇挫折，会令人细细品味人生，反复咀嚼苦涩，培养自身悟性，不断完善自己。失意而不能失志，痛定思痛，重创业绩。失意，不是一束鲜花，而是一丛荆棘，鲜花虽令人怡情，但常常令人失去警惕性；荆棘虽叫人心悸，但却使人头脑清醒。

身处逆境的人难免失意，但逆境恰恰是到达理想境界的必经之路。失意常常会产生一种无形的鞭策力量，催人奋进，所以我们要认真对待。

窘境让人反省自己的人生

曾经有一位退伍军人，他高中毕业后就去当兵了，退伍后没有一技之长，只得在一家印刷厂做送货的工作。虽然工作又苦又累，但毕竟有了一份稳定的收入。于是，没有太高追求的他就打算在那里好好做下去。一天，老板让他把几十捆书送到一所大学的七楼去。按照老板的要求，他把书扛到电梯口等待。电梯刚到，就有一个保安走过来，跟他说这电梯是给教授、学生搭乘的，其他人一律都不能用，更不能当货梯运货，让他爬楼梯上去。他愣住了，这么多的书如果爬楼梯上去非把自己累个半死不可。他就向保安解释这是学校订的书，拜托他让自己乘坐电梯。保安冷冷地看了他一眼，说："怎么爬上去是你的事，我管不着。再说你就是个送货的，爬个楼梯难道还委屈你了？"听到这话，他生气地回敬了保安几句。结果两个人在电梯口吵了起来。回家以后，他把自己关在屋里。回想到刚刚受辱的情景，便下定决心，辞去工作，回到学校重新读书，发誓一定要考上大学。读书的时候，每当他有点懈怠，想要偷懒的时候，就会想起保安不准他乘电梯的事情。后来他总算得偿所愿，考上了某大学的医学院，并在毕业后成为有名的良医。现在，再提起当年受辱的事，他已经很淡然了，觉得如果不是当初那个保安有意刁难，他就不会有今天的成绩。

事实上，每一个成功的人都有失败的经历。这个人在做送货员的时候遭遇的挫折就像他人生的一剂清凉散，令他幡然醒悟重回校园，最终成为受人尊敬的医生。在我们的日常生活中，可能会由于老板的刁难而举步维艰，也可能因为工作任务太重完不成，被老板当着同事的面责骂。也许你已经从心底无数遍的咒骂过给你制造窘境的人，可是，再回头想想，你的能力是不是跟从前相比已经大不一样？这绝不仅是靠自己的勤奋努力，也是窘境给你的动力。

在南方，有个年轻人出来创业，由于经营不善而欠下很多债务，在债权人的催讨下，他几乎要精神崩溃了，想去自杀。

那一天，他一个人走了很久的路，走到了乡下的瓜地里，想在这里度过生命的最后时光。当时正是八月，地里的瓜果都成熟了，发出甜美的香气。地里守田的老人看到他，热情的请他吃瓜果。年轻人心里正觉得苦闷，没有一点食欲，可是碍于面子就吃了半个，随口赞美了几句。没想到老人听到赞美非常开心，开始向年轻人说起自己种瓜的过程。老人说，曾经在瓜苗出土的时候遇上旱灾，为了让瓜苗顺利地生长，老人每天都会挑水灌溉。

还有一回，在收获之前遇到了罕见的冰雹，一整年的辛苦就这样付诸流水了。还有一年，花开得正好的时候，一场洪水就把一地瓜苗冲没了。讲到这些为瓜果付出的心血时，老人始终面带微笑，他说，和老天爷打交道，吃苦受气是很平常的，只要能咬紧牙关挺过去，就依然可以收获到属于自己的果实。年轻人听完这些话，突然醒悟过来。三年之后，他不但还清了债务，还成为现代化企业的成功人士。

由此可见，很多时候成功都是在经受挫折和磨难之后才获得的。在挫折中不断反思自己，化压力为动力，这样做的话，窘境也不一定都是坏事。"怀安丧志"这个成语就是在告诫人们：迷恋、苟安于享受，就会变成庸庸碌碌的俗人。

据统计，国外293个著名的文艺家的传记中，有127人在生活中遇到过重大困境。所以，困境在一定程度上对我们来说是生活的馈赠。在我们遇到困境的时候，要正确地认识它，用正确的方式对待它。究竟是外界因素还是自身因素，只有冷静的分析，才能从中吸取教训，找到成功的可能性。

错误也可以转化为成绩

在日本，一家电器公司的老板对众多员工进行应聘筛选，准备挑选一位职员去做一项十分重要的工作。应聘的时候，只需要回答一个问题："你工作以来，犯过多少次错误？"经过层层筛选，最终把工作交给一个犯错误次数最多的员工。在开始工作之前，他交给这名员工一本《错误备忘录》，并叮嘱他："犯过的错误都是你的工作成绩，但是你一定要记住，同样的错误你只可以犯一次。"

说到底，失败都是为了成功而交出的学费。只要能够正视经历过的失败，并且从中找到失败的根源，就会减少在以后的道路上绕弯的可能。这家电气公司之所以会把重要的工作交给犯错误最多的员工，正是因为他相信，不断寻找新的办法纠正错误，就会一次比一次更进步。聪明的人不在同一块石头上跌倒两次，更加聪明的人不会在别人跌倒的地方跌倒。每一次犯错，都应该让自己明白错在哪里，以后不再重复。

俗话说，从顺利中学习得少，从失败中学习得多。研究失误的原因就能让自己减少重蹈覆辙的可能。而失败也是窘境中常遭遇到的事情。失败也能让我们变得清醒，重新审视自己的人生，从失败中总结经验教训，提醒自己不再重复失败。

窘境，是一剂清凉散，而清醒剂是一种鞭策，它使人自知不足。知不足则思学习，学习便有知识；知识愈多，愈能善待失意，将失意当作攀登时的手杖。失意，是一面镜子，见"污"而不怒，正视自身，再闯新路。

　　窘境是到达理想境界的通途。英国一位学者曾说过："人们最出色的工作，往往在处于逆境的情况下做出，思想上的压力，甚至肉体上的痛苦，都可能成为精神上的兴奋剂。"善待挫折和失意，因为人生本来就是个不断奋斗的过程，善待挫折才能战胜天意。

第六节　窘境中蕴含着机会

　　窘境中不但包括挫折和磨难，其中也蕴含着改变人生的机会。当困难逼近时，善于抓住时机迎头痛击它要比犹豫躲闪更有利，因为犹豫的结果会让自己错过克服它的机会。

　　和以达成目标为信念、努力迎接挑战的成功者相比，失败者总想找捷径。失败者认为他只是在做一份工作而已，成功者则觉得自己是人类的一部分，而工作是他们为世界所作出的贡献。英国伟大的戏剧家萧伯纳说："我相信我的生命属于全人类，去做任何我能做的事是我的特权，我工作得越辛苦，活得越有劲。我为生命本身欢呼。生命对我来说绝不是根短短的蜡烛，它是一个壮观的火炬，我可以把持一会儿，在交给下一个人前，放大它的光明。"具有这种精神的人生活永远不会无聊、沉闷。成功者视困难为机会，对他们而言，每件事都是一个机会。

　　面对窘境，能坦然面对的首推犹太商人。他们能在困难来临时仍然沉着镇定地做生意，甚至把窘境看成是做生意的最好时机。在漂泊流离两千多年的生活中，犹太人一直处在逆境之中。在这漫长的日子里，他们习得了怎样在逆境中生存发展的智慧。把这种智慧运用到商业操作中，就转化成为犹太商人在逆境中发财的生意经。

　　世界上没有任何一个富翁可以不经失败和挫折而发家致富。正如美国成功学宗师拿破仑·希尔所说："幸运之神要赠给你成功的冠冕之前，往往会严峻地考验你，看看你的耐力与勇气是否足够。"

比尔·盖茨在接受世界八大财经媒体之一的《金融时报》采访时谈道："我有过颓丧和虚怯。微软公司在起飞过程中遇到的困难和阻力一次比一次大，从技术难关、竞争对手的围攻到政府的指控，如果我不是最终以勇气和毅力战胜颓丧和虚怯，恐怕早就被市场竞争的浪潮淹没了。"

逆境中，企业家的生存本能及危机感对事业的成长至关重要。企业家是在逆境中成长起来的。

你经历的每一个难关，都有某种积极的、创造性的可能性。一枚硬币总是会有两面的，任何问题都有好的一面和坏的一面，而且某些事情对你来说是问题，对他人来说则可能是千载难逢的良机。人类的每个问题都有其积极的可能性，待有心人来发掘利用。对人类而言，每个问题都是种磨炼。没有人能不受困境影响，也没有人在解决难题后不长一智。

海明威面对窘境不退缩

美国著名小说家海明威曾经以红十字会车队司机的身份参加第一次世界大战，之后在很长一段时间里做驻欧记者，并曾以记者身份参加第二次世界大战和西班牙内战。参战归来后，海明威经过一段灰心丧气的生活，最终下决心献身文学事业。但是在文学创作方面，他并没有一上来就展露头角。他付出了巨大的劳动，遭受了一系列的挫折和失败，经历了艰苦的探索，最后才找到适合自己的道路，取得了成功。1919年夏秋之际，海明威写了12

篇短篇小说。但他第一次写作尝试完全失败，寄到报社的稿件全都被退回。为了谋生，海明威不得不重操旧业，于1919年冬经友人推荐当上了加拿大《多伦多明星报》的编外记者。

第二次世界大战之后，欧洲十分动荡不安。1921年末，《多伦多明星报》招聘驻欧洲记者，海明威被选中。他这时已经结婚，同这家报纸签好了合同之后，就在12月初携妻子从纽约启程乘轮船赴法国巴黎。海明威以巴黎为常驻基地，到许多国家采访过，深刻感受到欧美资本主义世界日益加深的社会危机、思想危机以及资产阶级知识界所笼罩着的悲观绝望情绪。他采访过经历了希腊和土耳其战线的人，亲眼看到了许多战争惨剧，他以报纸观察员的身份出席过在意大利热那亚召开的世界经济会议和在瑞士召开的洛桑会议，接触了资产阶级统治集团的上层。他看到刚上台的意大利法西斯头目墨索里尼是怎样威胁着欧洲的安全。这一切不但成为海明威进行新闻报道的重要内容，而且也培养和锻炼了他观察和认识生活的能力，为他进行文学创作打下了思想基础，提供了素材。

海明威后来说，记者工作对一个有志于当作家的人来说是非常有益的。在从事新闻工作的同时，海明威坚持进行文学创作。1923年，海明威的第一本作品集（包括三篇短篇小说和10首诗）在法国巴黎和第戎问世。这本薄薄的小书只印行了300册，在社会上没有引起任何反响。

1924年，海明威把记者工作辞掉，专心致志地从事文学创作。但是由于没有固定收入，生活十分艰辛。他在巴黎的拉丁区租了间阁楼。下面是家木材厂，锯屑飞满院子，刺激性的锯木声不绝于耳。楼下一个女精神病患者不时发出痛苦的哀号。在这样的环境下，海明威出版了第二本作品集《在我们的时代里》。这是本只有 32 页的小册子，包括 18 篇小品，仅仅印发了 170 册。但是，海明威仍然摆脱不了经济的拮据。他没有钱买书，每天只能拿出 5 个苏（法国铜币，20 个苏为 1 法郎）到街头摊位买点简单的食物，勉强填饱肚子。即使处境不佳，海明威写作也非常勤奋。他每天早晨 6 点半开始写作，直到中午 12 点半，偶尔还延长两小时。他喜欢用铅笔写，这样便于修改。有人说他写作时 1 天用了 20 支铅笔。他说："不，没这么多，我写得最顺手的时候，1 天只用 7 支铅笔。"

1925 年，美国一家出版商印发了《在我们的时代里》增订第二版。这个版本除第一版原有的 18 篇小品之外，增加了 12 篇短篇小说，标志着他结束了写作学徒阶段并形成了独特的风格。《在我们的时代里》增订第二版后获得很大成功，为海明威赢得了极大的声誉。海明威说："一个人可以被摧毁，但不能被击败。"

人生总有迂回曲折伴随着你的成长过程，还会遭遇更多的挫折，这就是真实的生活。在这些人生的转折关头，实际上应该如何去看待，进而如何去应付，就全看你自己了。你可以把它当作是种"挑战"，或者你也可以像大多数人一样，把它当成是时运不济、危机、灾难……而不想寻找更可靠的道路再次尝试，并作为自己承认失败的借口。

把窘境视为挑战的机会

杰克是一个非常能干的推销员，他的年薪有 6 位数字。很少有人知道他毕业于历史系，在做推销员之前还教过书。杰克认为自己是个很无趣的老师，因为他的课很沉闷，学生个个都坐不住，所以，杰克讲什么他们都听不进去。他之所以是没趣的老师，是因为他厌恶教书生涯，毫无兴趣可言，但这种厌烦感却在不知不觉中也影响到学生的情绪。最后，校方决定不和他续约了，理由是他与学生无法沟通。其实，杰克是被校方免职的。当时，杰克非常气愤，所以痛下决心，离开校园去闯一番事业。就这样，他才找到推销员这份他可以胜任并且愉快的工作。真是"塞翁失马，焉知非福"。如果杰克不被学校解聘，也就不会振作起来。校方的解聘正好惊醒他的懒散之梦，因此，他很庆幸被学校开除了。

如果当初没有经受到被解聘的这番挫折，杰克也不可能奋发图强起来，进而闯出今天这个局面。愈挫愈勇，敢于向命运挑战。

在困难面前，你必须让自己坚强起来，沉着面对。苦难与快乐都是人生的一部分。重要的是，如果你把苦难视为注定会让你失败的暗礁，那么你将会被失败所击溃。只有当你甘心承受失败，并且失去再尝试的意愿时，才是真正的失败。

第七节　窘境有助于提高我们的逆商指数

逆商指数的重要性

逆商指数（AQ）是指人们面对逆境时的反应方式，或是面对挫折、摆脱逆境、超越困难的能力。心理学家普遍认为，一个人要想事业成功必须具备较高的逆商指数。

《叫我第一名》这部电影是根据真实的故事改编而成，讲的是一个名叫科恩的孩子一生的经历。科恩是一个患有妥瑞氏症的人，尽管他有这种不可治愈的疾病，但是他选择了勇敢地面对。父亲不理解他，同学们经常嘲笑他，可是他从来没有哭过。在母亲的鼓励下，他勇敢地面对疾病。他的梦想是当上老师，通过坚持不懈地奋斗，他成功地成为了一名教师。

相信看过这部电影的人都会为他坦然面对疾病和困难的勇气与精神而感动不已。其实，通过这部电影我们也会深深地感受到逆商对一个人人生的重要影响。当科恩被评选为年度最佳教师时，在授奖讲台上，他向所有人表示感谢，更感谢了他的伙伴——妥瑞氏症。他说这个病一直是他的朋友，是它教会了自己永远都不能放弃自己和自己的梦想，就算有再大的困难，都不能妥协。把困难当成朋友，当成迫使自己成长的动力，这正是他高超逆商的体现。

逆商在瞬息万变、险象丛生的逆境时代显得格外重要，没有永远的失败，只有暂时的不成功。应付逆境的能力更能体现一个人的生命价值，使我们以不变的心境应万变的逆境，从而立于不败之地。所以，逆商概念的提出具有非常重要的现实意义和历史意义。

心理学家认为，一个人事业成功必须具备三个因素：高智商、高情商和高逆商。智商和情商都跟别人相差不大的情况下，逆商对一个人的成功起着关键的作用。智商表明智力高低，情商体现情绪智力的大小，逆商反映了应对逆境的能力强弱。

逆商有四大因素：控制感、起因和责任归属、持续时间和影响范围。一般情况下，一个逆商较高的人会表现出更多的控制力和影响力，主动负责处理事务，把逆境控制在一定范围内，并且拥有希望，保持乐观。逆境在一定程度上来说可以帮助我们成长，促进思维活跃。虽然从严格意义上说，逆商也是情商的一种，但是逆商不仅在理论上有特殊的质的规定性，而且在成功的事业和人生中起着特殊的作用。在逆境中怎样把握命运，是决定你是否成功的非常关键的因素。

所有成功的伟人都以非凡的"逆商"面对逆境。几乎所有伟大的人和伟大的事业都是从同逆境的决斗中产生出来的。因为行走在那崎岖山路的时候，只有不畏劳苦和艰险的人才有希望到达光辉的顶点。有人把IQ、EQ、AQ比作是人生事业的一座山的三个层次，如果这个人有起码的IQ，一定的EQ，那么可以说，这个人拥有了登山的基础，可是这个人没有具备在逆境中前进的能力，也就是没有具备良好的AQ，结果要么在山脚下不走了，要么在半山坡上得过且过，他不可能到达山的顶峰。这就是许多人将AQ称之为世界性指标的原因。

逆境是磨炼人的最高学府

现代法国小说之父巴尔扎克说过："苦难对于天才是一块垫脚石，对于能干的人是一笔财富，而对于弱者是万丈深渊。"苏格拉底说："逆境是磨炼人的最高学府。"

托尔斯泰、达尔文、牛顿、范仲淹、岳飞、海瑞、聂耳，他们都是四岁以前丧父或丧母，生活十分艰辛，在生活的底层苦苦挣扎，最终战胜恶劣的环境，造就了人生的辉煌。

在伟人备受敬仰的背后是许多不为人知的辛酸泪水和血水。请记住："人生最重要的是一种把握自己生命的能力，因此顶住压力是挑战人生的一项基本功。"要想做一个成功人士，首先要做一个乐观的人。乐观的人有一颗旷达、欢畅、自信的心，能够笑对逆境，不管遇到任何苦难和挫败，仍然脚踏实地向前走，使逆境成为他们走向成功的奠基石。不同的人对逆境会产生不同的反应。逆境是福是祸，一定程度上取决于个人的解释和反应。解释不同，反应不同，只能会形成截然不同的结果。当今和平年代，应付逆境的能力更能使你立于不败之地。

顺境中人们看到的是鲜花和微笑，可是，习惯于喜悦浸润的心灵往往承受不起打击的负荷。只有迎向挫折，尝遍人间酸甜苦辣，感受世态冷暖炎凉，才能有更多一层对生活的领悟，更了解人生的真谛。塞翁失马，焉知非福？碰到挫折不要畏惧，不要厌恶，从某方面说，挫折对我们来说是一件磨炼意志的好事，只有挫折与困境才能使一个人变得坚强，变得无敌。挫折可以锻炼我们克服困难的种种能力，森林中的大树，不经暴风骤雨搏击千百回，树干就不会长得结实，人不遭遇各种挫折，其人格和本领就不会走向成熟。一切的磨难、忧苦与悲哀都可以帮助我们成长，锻炼我们。挫折足以燃起一个人的热情，唤醒一个人的潜力，而使他达到成功，有本领、有骨气的人能将"失望"变成"动力"，像蚌壳那样，将烦恼的沙砾化成珍珠。

挫折和窘境都是成功的向导。

窘境对我们来说就像一所人生的好学校，窘境是一所每个人都必须经历的学校，在这所学校里，我们可以学习怎样做人，学会独立思考，怎样选择，这一切将会决定你一生的命运。心理学家认为：多经历挫折，能培养人从容应对风险的能力，如果自己能够在风险中挺过来，那么今后对失败的恐惧就更少了。不经历风雨怎能见彩虹？没有窘境的人生绝不是完美的人生，当你战胜失败时，你会对成功有更深的感悟，就在这样一次次的感悟中，你活出了一个完满的人生。哲学家科林斯说："不经历挫折，成功也只能是暂时的表象，只有历经挫折的磨难，成功才能像纯金一样发出光来。"挫折并不可怕，可怕的是经历了挫折却不懂得总结教训。暂时的挫折不应该造成消沉和颓丧，而应该是继续奋斗的起点。逃避挫折是无法解决任何问题的，最好的办法就是和挫折相处，不畏挫折，勇于面对它，接受它，并从挫折中吸取人生的经验和营养，从而使自己在不断经历和克服挫折的过程中逐渐成长、壮大，直至走向成功。

为了提高我们的逆商指数，除了树立好正确的挫折意识以外，我们还可以多看一些英雄故事，为自己树立一个战胜困境的榜样。这样做，我们克服困难的勇气和能力就会在潜移默化中得到培养和提高。

第八节　用积极的心态面对窘境

没有任何人的人生能像鹅卵石那样光滑，逆境可能会使你痛苦，可是，它同时也能让你的心灵更坚强勇敢。在遇到逆境的时候，不要因为一时的痛苦而灰心丧气，意志消沉，只有用积极的心态面对逆境，才能冲破逆境。

积极的心态当中，自信是最关键的因素。在人群之中，自信的人永远比自卑的人要更容易取得成功。研究发现，自信的人相信自己有某些方面是与众不同的，在困难来临时，他们的信心支撑着他们度过，带领他们走向成功。而自卑的人，因为怀疑自己的能力而自我封闭，本来能够通过努力达到目标，他们却认为自己不行，最终放弃理想。

自信的人最美，自信的人具有活力和热情。

自信的人会对生活充满激情，自信就是一种强大的力量源泉。自信可以鼓舞自己找寻最真实的梦想。自信就是人类源自内在生命切实的真实感知。

自信，就是对生命的清晰认识和对存在的明确理解。拥有自信心是人们走向真实人生、走向真诚生活、走向内在世界和粉碎外力的强大心灵力量的来源。

自信人生正是天地给予人类认识感知世界的必然台阶。如果人类自动放弃了对自身心灵世界的养护，而只满足于在身体物质需求的海岸搁浅，那么这真是人类发展阶段最悲惨、最无情的倒退。相信自己是存在于宇宙间一粒充实饱满的细胞单元，你就不会让鲜活的生命于自身灰暗愚昧的房间里昏睡。你会像强劲的野草那样，就算狂风四起，依然绿遍山崖，为天地立心，为日月争辉，为寰宇闪亮，为人世添彩。

我一定能闯过去

从前，有一个名叫约翰的年轻人，他的父亲老了，卧病在床。有一天，父亲对他说了自己年轻时候某次比赛的故事。在一次拳击冠军对抗赛中，个头矮小的他遇到了一位人高马大的对手。他一直无法反击，连牙齿也被打出血了。休息的时候，教练鼓励他说："别怕，你一定能坚持到第12局！"听了教练的鼓励，他在场上跌倒了又爬起来，爬起来后又被打倒，尽管一直没有反攻的机会，但他却咬紧牙关支持到第12局。终于，他发现了最好的反攻时机。于是，他用尽全力给对手一个反击，只见对手俯身倒下，而他则挺过来了，那也是他拳击生涯中的第一枚金牌。

说话间，父亲额上全是汗珠。看着父亲，约翰想起自己碰上了经济大危机的那段艰难的日子，他和妻子先后都失业了。为了生活，他们夫妻俩每天努力地找工作。他们从不气馁，而是互相鼓励说："放心，我们一定能闯过这一关。"如今，约翰一家人又回到了宁静、幸福的生活中。每到晚餐，约翰总会想到父亲说的那段话，他决定告诉子孙与朋友们，甚至是他遇到的每个生活艰苦的人，在逆境中要告诉自己："我一定能闯过去。"

人生之中，有许多不如意的事情。就像航行在海上的船只，总会遇到狂风暴雨。约翰和他的父亲都没有在困难面前放弃自己，而是相信自我。通过他们的故事可以知道，在困难面前必须有积极的心态，告诉自己"我一定能应对过去"，这样才可以激发出自己的勇气，克服种种困难，成就一番事业。

在这个世界上，没有人不渴望成功，可是真正成功的总是少数。在遇到逆境时，有些人抱怨出身和家庭，抱怨社会的不公平，或者期待有英雄出现。实际上，并没有什么上帝会拯救不努力的人，只有自己可以掌控和改变自己的命运。

认为命运不可驾驭的人，永远都只能做命运的奴隶。而有着征服命运的勇气，在坎坷中不气馁的人才可以把握自己的人生方向。人的命运像是风暴中的小船，你可以称它为飘零的不系之舟，也能够拉起风帆自己掌舵。

改变消极的情绪才能走出窘境

在经济萧条时期，有一位美国商人因生意失败而负债累累，之后，他每天都郁郁寡欢，萎靡不振。

直到有一天，他在街上碰到一个失去双腿的残疾人，那个残疾人精神奕奕地向他说早安，这令商人感到非常羞愧。

回到家之后，他在镜子上写下这样一句话："我一直闷闷不乐，因为没有鞋穿，直到我在街上看到一个缺腿的人时，我才发觉自己是多么的幸福！"之后，这位商人改变了消极的情绪，最终重新获得了生意上的成功。

其实，人无法预知未来的事情，在为了理想努力的过程中，总会有这样或那样的风浪。要想抵达成功与幸福的彼岸，就要掌握好自己的人生之舵。这位美国商人本来已经放弃了自己的追求，精神不振，幸运的是，他最后还是改变了自己，重新向理想的路途前进。

能把握住人生方向的强者在成功之前都遇到过风雨和坎坷，但他们依然相信，只要继续努力，就会获得最后的成功。研究发现，思想态度甚至能对体能产生巨大作用。

与其被动接受，不如主动改变

有个姓吴的年轻人从中直单位进入保险行业，经过10多年，成为业内认同的成功职业经理人，超越了曾经年薪10万的梦想。

但是，就在所有人都觉得他很成功的时候，他离开了保险行业，连最后一个月剩余四万多的工资也没要。很多人都觉得他这么做可惜，可是他自己觉得，他应该做自己的主人，从属于保险公司则会让他的事业越来越窄。通过分析，他认为代理公司会呈现给客户真正合适的保险，于是他进入代理公司开始了第二次创业。这个年轻人用积极的心态来面对一切，因此获得了更大的成功。

通过这个故事可以看到，成功的人们都不会听天由命，而是自己努力，创造自己的命运。姓吴的年轻人通过自己的主动改变，让自己的事业越来越大，生活也越来越好。做自己灵魂的主人，就没有任何事情可以动摇信念。

世界万物总是在变化着的，与其消极被动地接受改变，还不如自己接受改变，勇于主动改变。

这种变化是人生的进步，也是靠近成功的正确路径。有些人活得很累，就是因为他们没有做自己的主人，反而听着旁人的说法而摇摆不定。

苏轼告诉我们，要学会"超然物外"。也就是说，一个人只有摆脱了外物的奴役，成为自己的主人，才能改变自己的人生。

生命那样短暂，只有积极投入，才能为自己创造一个崭新的幸福世界。这样的人才能充分享受自己的生命，依靠自己的力量，最终有所成就。最怕的是不肯改变自己。

金鼎证券集团法务长王乃民曾带过的一名员工经常拖延法律案件的处理时间。每次王乃民询问起来，这位员工都立即认错，可是却一而再地继续发生同样的错误。最后，王乃民不得不请他离开。

这位员工就是不肯改变自己，停留在错误的位置不愿移动，因此，造成了人们对他的怀疑。古人云："亡羊补牢，为时未晚。"怕的是犯错之后不肯改变。

在21世纪，学习和改变是建立事业的基础。人和人之间的智力差别并不大，主要的不同是思维方式。

如果想获得成功，首先要进行思考，另外，还得积极地面对人生和生活。没有多少命里注定好的事情，人们虽然无法选择自己的出身，但是可以通过努力选择自己的命运。

此外，还应该做自己的主人，战胜恐惧和疑惑。只有改变自己，做自己命运的舵手，才有机会获得自己所希望的人生。

第 2 章

在窘境中坚持不懈，拥有更美好的明天

世上有很多人都有着壮志雄心，却因为不能坚持到底，导致他们永远错过了自己的目标。失败的人有时并不是因为头脑不够灵光，或是客观条件不足等因素造成的，而是他们在最后的时刻没能坚持住，致使之前的努力全部付诸流水。

第一节　坚持是通往胜利的必经之路

荀子有言："骐骥一跃，不能十步，驽马十驾，功在不舍。"俗话说，水滴石穿。自古至今，有成就的人都有一个共同点，就是坚持不懈。

马拉松运动员们在筋疲力尽的时候，仍然竭尽全力奔向终点，成功者和失败者最大的区别就是，能否一直坚持着，不放弃。就如同司汤达所讲的："一个人只要强烈地坚持不懈地追求，他就能达到目的。"

怎样让铁球荡起来

在一次大型演讲会上，一位世界闻名的大师在众人的期待中登上舞台，走向舞台中央吊着的巨大铁球。人们纷纷惊讶地望着他。这时，两个工作人员抬出了一个大铁锤。大师说："请两位强壮的观众到台上来。"不一会儿，就有两位观众跑上舞台。大师对他们说："请你们用这个大铁锤来敲那个吊着的铁球，直到它荡起来。"一个年轻人立即举起大锤去砸铁球，人们听到了一声巨响，铁球却没能荡起来。年轻人又反复试了几次，铁球依然纹丝不动，而他自己早已累得气喘吁吁。另外那个年轻人也拿过大锤，敲得铁球叮当响，铁球还是毫无动静。台下的观众都疑惑地看着大师，大师从兜里掏出一个小锤，对着铁球轻轻地有节奏地敲了起来。接下去的时间，大师一直在重复这个敲击的动作。台下的人群由惊讶变得骚动，甚至有人叫骂。会场的观众们走的走，睡的睡。到了50分钟的时候，有个孩子突然尖叫道："球动了！"这时，所有的人才睁开眼睛，全神贯注地盯着铁球。一开始，它以小幅度摆动起来，接着，随着大师的敲击越荡越高。场上顿时爆发出雷鸣般热烈的掌声。大师停止了敲击，说道："在成功的道路上，如果你没有耐心等待成功的到来，那么你只能用一生的耐心去面对失败。"

世上有很多人都有着壮志雄心，却因为不能坚持到底，导致他们永远错过了自己的目标。大师在用小锤敲击着铁球的时候，他对自己充满了自信，即使台下的观众有的离席而去，有的谩骂出声，他都不闻不问，坚持做着自己认为对的事情。坚持中也包含着自我信赖的感情。大师相信自己，没有因为他人的指责而自乱阵脚，所以最终成功地让铁球荡了起来。

认准目标坚持到底

在2000多年前的希腊，著名的老师苏格拉底在给学生们上课时说道："同学们，我们今天只做一件最简单也是最容易的事，每个人都把胳膊尽量往前甩，然后再尽量往后甩。"苏格拉底示范了一遍，说："从今天开始，大家每天做300下，大家能做到吗？"学生们都笑了：这么简单的事，有什么做不到的？

过了一个月，苏格拉底问学生："哪些同学坚持了？"教室里有90%的学生举起了手。

一年过后，苏格拉底再次问学生："请告诉我，最简单的甩手动作，有哪几位同学坚持做到了今天？"这时整个教室里只有一个学生举起了手，这个学生就是后来成为著名哲学家的柏拉图。他和老师苏格拉底、学生亚里士多德，被并称为古希腊三大哲学家。

从这个简单的小故事可以看出，柏拉图后来取得的成就和他执着追求、坚持不懈的精神是密切相关的。柏拉图在成为哲学家之前，大部分时间都是在人们认为枯燥平淡的重复中度过的，但是他却从中认准了自己的目标，坚持到底。正所谓"功到自然成"，能坚持的人才能尝到胜利的滋味。

坚持的人才能到达梦想的彼岸

英国批判现实主义作家狄更斯平时就十分注意观察生活中的细节，他体验生活的方式是风雨无阻地到街头去听别人讲话的内容，并记录下那些只言片语，借此来积累丰富的生活资料。就是因为这样长期的坚持，他才撰写出那么多优秀的脍炙人口的著作，比如《双城记》中有逼真的社会背景描写，《大卫·科波菲尔》中有精彩的人物对话描写，这些作品中的素材都是他坚持在街头记录下来的。

失败的人并不是因为头脑不够灵光，或是客观条件不足等因素造成的，而是他们在最后的时刻没能坚持住，致使之前的努力全部付诸流水。法国作家拉罗什夫科说："取得成就时坚持不懈，要比遭到失败时顽强不屈更加重要。"在生活中，懂得自己所需，并为之坚持努力的人，最后一定能抵达自己梦想的彼岸。

大家应该都看过蜘蛛织网的样子，通常都是从一个檐头到另一个檐头。当你打乱它所有的丝线时，它依然不急不躁地重新织了起来。无论你搅毁多少次，蜘蛛都会坚持不懈地继续，直到把网织完。也许，一天之后就会有一场大雨降临，把它辛苦织出来的网冲刷得无影无踪。但是，蜘蛛却从不畏惧，冲刷掉了就再重新织过。

挫折和困难永远存在于生活当中，难的是在窘境面前不畏惧，认准自己的目标，全心全意地追逐梦想。失败的时候，或许你会为了一时的挫败而灰心丧气，摆脱不了阴影的笼罩，又或者你能够一边检讨原因，一边站起身坚持向前走。说到底，人生就是由拼搏和追求构成的，勤奋努力、坚持不懈是一个人收获成功的关键。

坚持，才能成功；坚持，才能达成自己的目的；坚持，才能迈向人生的最高点。持之以恒，坚持不懈，乃是实现人生目标的最佳方式之一。

人人都称羡雄鹰可以翱翔天际，自由飞翔。可谁曾了解，第一次它被父母推下悬崖时的恐惧和无助；谁又曾了解，为了飞上更高的天空，它被它的父母折断翅膀，再次推下悬崖；有谁曾告诉它，悬崖底下尽是前辈们的骸骨；可又有谁曾了解，为了再次飞翔，它们生生啄下了自己那厚厚的羽毛，扯下了锋利的鹰爪，撞断了坚韧的鹰喙，为的仅仅是再次遨游天际；为了生存，生长在悬崖上的松树尽自己所能，将根深深埋藏在坚硬的岩石之中，为的只是获取更多的水分和营养，供自己生长。可它几时抱怨过自己生存位置是如何恶劣？可曾为自己数十年的生长抵不上他人的几年努力，还是如此的渺小而抱怨？当别人在嘲笑的时候，可曾想过，他的努力只深深地埋藏在地下，没有在他人面前显摆？

坚持，必定有回报，只不过是有没有显露在他人的面前而已，仅此一个区别。所以，为了我们自己的目标，努力吧，坚持才是硬道理！

第二节　不要任凭命运的摆弄

只有百折不挠的人才可以当上冠军。真正成功的人能够冷静地面对所有情况，不管形式多么困难，都可以坚持不懈地向着目标努力。如果遇到不利的局面就听凭命运的摆弄，那么，他永远只能观望自己的目标了。

意志软弱的人在遇到困难时总会先丧失信心，告诉自己没有能力克服困难，再埋怨一下捉弄自己的老天。他们都没能发现，自己说这些话的潜台词就是不想通过自己的努力去拼搏一番。困难刚刚出现，他们就迫不及待地挂起了白旗。

窘境不是命运的过错

有一位对自己的能力没有自信的先生，常常低估自己的能力。他总是这样讲："这件事好像不会顺利"，"别人应该做得到，但我不行"，"我注定做不好这份工作"等等。当业绩优秀的同事得到公司的奖励时，他心里感到更加悲观消极："反正我命中注定是不可能得到奖励的。"他从来没有想象过自己成功的样子。有一天，听惯了他这种悲观论调的妻子一反常态，认真地反问他："每天都听你发牢骚，我已经厌倦了。我了解真正的你，其实你是个很优秀的人，但每次都欺骗自己。"丈夫露出不悦的神色，但妻子依然继续说下去："我的话还没有说完，我是爱你的，也对你很有信心。所以我才不能眼睁睁地看着你因为毫无意义的自卑把自己变成一个庸才。像个男子汉一样和自己决战吧！"妻子的这些话深深打动了丈夫的心。他为了不再说消极的话，不得不改成积极的说话方式。渐渐地，他开始积极地思考，开始进行积极的行动。通过努力，他终于获得了成功。

在我们的身边，并不缺乏像这位先生一样的人。他们往往没有来由地陷入低潮，好不容易鼓起勇气做些尝试，但稍微遇到些挫折就归结到命运上去，完全丧失信心和斗争的勇气。这些人总觉得自己永远都不如别人，把精力都耗费在苦恼和哀伤之中。实际上，从来都没有一帆风顺的事情，牢骚和抱怨并不会改变现实，但坚强的心态和坚持的行动却可以改变一切。

但凡获得成功的人都拥有坚定不移的成功信念，他们相信只要不听凭命运的摆弄，不向消极的情绪低头，就一定能够收获成功。

起点决定不了终点，命运决定不了成就

有一个黑人的孩子，家中十分清贫，父母都是做苦工的。由于常常遭到其他人的嘲笑，他平时连门都不想出，他觉得自己一个地位低下的黑人不配拥有朋友，更不会拥有美好光明的未来。父亲看穿了他的心思，带着他去参观荷兰画家梵·高的故居。当他看到梵·高家里的小木床和裂了扣子的皮鞋后，问父亲："梵·高的家里真的有这么穷吗？"父亲回答说："是啊，他在一个乡村牧师的家庭里出生，年轻的时候在画店里做店员，一辈子没能娶上妻子，只活了37岁。"接着，父亲又带他去参观安徒生的故居。孩子困惑地问："爸爸，安徒生不是生活在皇宫里吗？"父亲说："安徒生的父亲是位鞋匠，他就生活在这栋阁楼里。"在回家的路上，父亲又为儿子买了一本《贝多芬传记》，他从书上知道了贝多芬一生贫困潦倒，却谱出《命运》等许多世界名曲。在这之后，这位黑人的儿子重新审视了自己的家庭。后来，他成为美国历史上第一位获得普利策奖的黑人记者，他的名字叫伊东布拉格。

其实，要做成一件事，只要以强烈的渴望去掉软弱的意志才行。就像伊东布拉格孩提时被父亲带去参观一些伟人的故居，让他明白出生穷困的人一样可以有成就，关键不是命运，不是出生于一个什么样的家庭，而是自己是否相信自己。

有人专门做过一项针对成功人士的调查，发现事业成功的人有着一个共同点，就是坚忍的意志。他们确定自己的目标以后，不懈地追求，不受外界任何消极因素的干扰和影响。慢慢地，他们就发现自己的力量超乎了自己的预期，可以战胜很多困难。

人生的回应就是我们心底的声音

有这样一个小故事：

一对兄弟在翻越山谷的时候，弟弟一不小心摔倒了并受了伤，他吓得尖叫："啊！"接着，他惊讶地发现山谷里也传来一声尖叫："啊！"弟弟惊奇地大声问："你是谁？"同样的声音传了过来："你是谁？"他生气了，吼道："胆小鬼！"山谷回应："胆小鬼！"弟弟于是回过头去问哥哥："那是谁？"哥哥微笑着回答："弟弟，注意听我说。"然后他对着山谷喊："你真棒！"山谷回应："你真棒！"弟弟十分吃惊，但并不明白为什么。哥哥解释说："这就是传说中的回音，但其实它和人生一个道理，无论你说什么或是做什么，它都会回报给你一样的东西。人生就是我们行动的反应。"

从这个故事中，我们不难发现，人生的回应完全是出自我们自己心里的声音。当你积极地面对生活和窘境，生活自然会积极地回应你，窘境也能化为坦途。当你埋怨、憎恨生活的时候，生活也会以同样的态度来回应你。脆弱的意志让人失败，而废铁之所以能淬炼成有用的钢材，正是因为它经得起痛苦的磨炼。

没有十全十美的人生，要对抗所谓的命运，就不能意志软弱，更不能为他人所影响。首先要学会认识自己的长处，学会常常给自己积极的心理暗示。相信自己的能力，不受外物控制，用辩证的眼光正视周围的事物。当你能够诚实、客观地评价自己的能力时，你就不会被消极的态度绊住手脚，而成功也会越来越近。

如果说真有命运在我们的生活中作梗，那么人生就像一盘棋局，与你对弈的是命运。尽管命运在棋盘上占尽优势，你也不能轻易推盘认输，而是要笑着面对，坚持和命运对弈下去，因为人生往往就在坚持中出现转机。

历史的车轮需要坚持来推动，人生的画卷要坚持来描绘。能够坚持的人永远昂扬着，永远潇洒着，永远是意气风发、英姿勃勃的。轻言放弃的人只会自哀自叹，怨天尤人。

小说《老人与海》被授予诺贝尔文学奖，这部世界性的名著享誉全球，拥有很多国家的读者。书中表现了人性中最宝贵的英雄主义精神和绝不向命运低头的战斗精神。

厄运和失败是现实生活中的一种客观存在，莱蒙托夫有一句很有名的诗："没有痛苦岂是诗人的生涯？缺了风暴怎算是澎湃的大海？"

挫折、失败并不可怕，可怕的是像很多平庸的人那样被吓倒，自己先缴械投降。在学习或者生活中遇到这样那样的窘境和不幸的时候，请看看《老人与海》吧！

挫折是弱者难以逾越的鸿沟，是强者积蓄力量的场所。我们都是伴着一声啼哭来到人间，也必将带着些许叹息离开人世。生活中有欢乐也有悲伤，有健康也有病痛，有幸运也有灾难，有成功也有失败。"莫说江头风浪险，更有人间行路难。"

假使生活没有挫折，不就如同一幅画只有满眼的鲜亮，一首歌全是嘹亮的高音？那不就画不成画，调不成调了吗？

在遇到窘境的时候，一定要记住："失败是成功之母；失意时莫丧志，得意时莫猖狂。"

在生活中，实现自己的理想，达到自己的目的，并不是轻而易举的事情，需要一面摸索一面前进，在不断失误、不断改进中摸索前进。失败的宝贵经验会为最终的成功奠定基础。

第三节　只需再坚守一个冬天

很多事情往往在你一念之间就改变了胜败的结果。当人生遭遇窘境的时候，你是决定就此放弃，另寻出路，还是依然坚守着自己的目标，靠自己的力量力挽狂澜？人们常常不能正确评估自己的能力，而"避害"也是人类难以超越的弱点。但是，一个真正追求成功的人，不会因为暂时的失败和小的挫折而感到恐惧。因为他们心里明白，付出努力再耐心地坚守下去，事情就一定能有好的结果。

充满韧劲的坚持

乔治出生在美国华盛顿，家里很穷。父母供不起他念书，于是他主动到学校请求一位女老师收他为学生，争取读书的机会。最初，老师看到他衣衫褴褛，不愿意收他。乔治并没有就这样放弃，他独自坐在学校的角落里，侧耳倾听老师讲课，一坐就是好几个小时。那位女老师知道后，告诉他学校里有一间屋子需要请人清扫，问他是否愿意做这样的事。乔治欣喜若狂，马上跑过去，认真地擦洗地板、擦拭桌椅，把屋子打扫得一尘不染。女老师被他感动了，终于同意让乔治进入学校读书。

其实，女老师不过是借着打扫屋子来考验一下乔治的耐力，看他能不能忍受一时的辛苦。乔治并没有让她失望。这个青年人长大后创办了针对黑人的教育事业，不但受到了千万黑人的拥护，还受到了千万白人的尊重。当遇到挫折的时候，耐心等待不但能让人避开灾祸，还能够帮助人们成就一番大业。俗语说，"小不忍则乱大谋"，充满韧劲的耐心有让事情峰回路转的魔力。

美国前总统林肯曾说过："对暂时斗不过的小人要有耐心。与其和狗争道被狗伤，还不如让狗先走。因为你即使把狗杀死，也治不好被狗咬的伤。"耐心等待其实是一种能屈能伸的精神，是一种难能可贵的力量。在为人处事的过程中，耐心也是人际交往的一种可贵精神。当自己深陷窘境实力不足时，不妨先退一步，忍他一忍。这样做，不但可以避免伤害，还能另辟蹊径。

寒冬背后是温暖的春天

　　美国联合保险公司业务部有一个名叫艾伦的人。有一天，艾伦读到一篇叫《化不满为灵感》的文章，文中教导读者怎样用积极的心态实现自己的梦想，他看了以后十分振奋。艾伦一直都想成为公司的王牌推销员，所以他认真并反复阅读这篇文章，并在心中默想着，或许有一天可以把这个观念灵活运用在工作中。那年冬天寒风刺骨，艾伦在威斯康星市区沿街拜访，无一例外地全吃了闭门羹。有一晚他回家以后，心烦意乱地翻着手上的报纸。突然，一个突如其来的念头闪过脑海，他想起了《化不满为灵感》这篇文章，于是把剪报找了出来，仔细地重温当中的要诀，接着他告诉自己："明天我一定要亲自试一试！"第二天，公司要求所有的职员报告昨天的情况。和艾伦有相同遭遇的同事都表现出垂头丧气的模样，只有他精神饱满地说明昨天的进度。最后艾伦说道："今天我还要再去拜访昨天那些客户，今天我的业绩一定会超过你们！"结果，艾伦再一次来到昨天去过的那个地区，再次拜访了每一位客户，最后一共签下了60份新的意外保险单。

　　那篇《化不满为灵感》的文章中并没有什么秘诀，只是教导了人们面对失败要有正确的心态，积极地面对挫折。当然，耐心并不是说有就立刻有的，没有一定的信念和意志是很难做到的。可是，一旦做到了，寒冬的背后就是温暖的春天。

　　耐心等待对于成功来说非常重要。有些年轻人，一感觉到不顺就会变得愤世嫉俗，甚至一蹶不振。事实上，学会在等待中积累知识和经验才是最重要的，这段等待的时间应该用来培养专业技能和成熟的处事方式，怨天尤人的人只会一无所获。

北极熊的坚守

在北极，冰层上有很多的窟窿，那是海豹的出气口。而这些出气口也是北极熊用来捕捉海豹的地点。起初，北极熊在冰层上来回奔波，却没办法捉到海豹，后来发现，原来海豹能通过冰层的振动感觉到它的举动。于是，北极熊坚定地守在一个出气口。但是，一只海豹的出气口有十几个之多，想要捕捉到一只海豹就需要付出长久的努力和等待。北极熊对生存的渴求以及源于内心对成功期望值的坚守，使得它不被外界的残酷因素所折服，即使被狂风吹得睁不开眼睛，也不曾放弃。所以，几乎每一周北极熊都能捕捉到一只海豹。

连北极熊都知道，成功之前需要经过漫长的等待和煎熬，那么人生又如何呢？其实，只有懂得等待，并在等待成功时承受住磨炼和打击，才能得到自己想要的结果。试想一下，生活中功败垂成的人可不占少数。假如他们经受得住成功前的等待和折磨，又怎么会落得失败收场。

在成功的路途上，一方面要努力寻求机会，靠近成功；另一方面，决不能轻言放弃，或是急功近利。在耐心等待的过程中，一定要充实自己的实力，只有这样，才能在坚守中不断获得新的力量。

和梦想只隔一个冬天

　　有一则流传在日本的故事,说的是有叫阿呆和阿土的两个人,他们都是老实厚道的渔民,却都梦想着成为有钱人。有一天,阿呆做了一个梦,梦里人告诉他对岸的岛上有座寺,寺里种有49棵朱槿,其中开红花的一株下埋有一坛黄金。阿呆便满心欢喜地驾船去了对岸的小岛。岛上果然有座寺,并种有49棵朱槿。这时已是秋天,阿呆便住了下来,等候春天的花开。肃杀的隆冬一过,朱槿花一一盛放了,但都是清一色的淡黄。阿呆没有找到开红花的那一株。庙里的和尚也告诉他从没见过哪株朱槿开红花。阿呆便垂头丧气地驾船回到了村庄。后来,阿土知道了这件事,他就用几文钱向阿呆买下了这个梦。阿土也上了那座岛,并找到了那座寺。也是秋天,阿土也住下来等候花开。第二年春天,朱槿花凌空怒放,寺里一片灿烂。奇迹就在彼时发生了:果然有一株朱槿盛开出美丽绝伦的红花。阿土激动地在树下挖出了一坛黄金。后来,阿土成了村庄里最有钱的人。

　　这个故事在日本流传了近千年之久,到如今我们仍为阿呆感到惋惜:他与富翁的梦想只隔一个冬天。他忘了把梦带入第二个灿烂花开的春天,而那些足可以让他一世激动的红花就在第二个春天盛开了。阿土无疑是个聪明人,他相信梦想,并且等待另一个春天。

　　我们的人生何尝不是充满着梦想,那朵绝艳的朱槿花几度在你我的心灵深处摇曳,那无限风光我们几欲览尽。可是我们总是习惯于守候第一个春天,面对第一个季节的空芜,我们往往轻率地将第二个春天弃之于门外，将梦交归于梦。

梦想之花垂青的总是那些有耐心、执着追求的人。

今天假使给你一朵梦中的朱槿花，你应该有勇气向梦想买断第二天春天！

第四节　选择放弃就选择了前功尽弃

真实的人生是由无数的成功和失败组合而成的。当我们陷在窘境中时，可怕的不是失败，而是逃避的态度。当我们振作起来直面失败，鼓起勇气去挑战它，最终都会有希望成功。相反，在窘境面前失望沮丧，放弃走前面的路，是永远不会有机会成功的。

古人云："尽人事，听天命"，就是告诫人们在窘境面前竭尽全力去拼搏，但不要太执着于结果。因为失败并不是你的错，窘境不是你自己选择的，但是，能不能抓住拼搏的机会完全取决于你自己。

到非洲去卖鞋

在美国，一家制鞋厂想要拓展市场，于是派了一名推销员到非洲国家去推销鞋子。推销员下了飞机以后，发现所有的当地人都光着脚走路，他失望地想："在这个炎热的地方，人们根本不穿鞋子，我怎么卖得出去呢？"于是，他放弃了努力，灰心地回到公司。接着，公司又派了另外一个人去非洲，当这位推销员看到非洲人都光着脚走路时，非常的开心，他想："这些人都没有穿鞋子，一定有很大的市场。"于是，这位推销员向公司申请常驻非洲，并且费心地想到一些办法，引导当地人购买鞋子。他为公司开拓了一片新市场，最终自己也发了大财。

第二个推销员拥有积极的拼搏心态，想尽办法来达到自己的目的，最终取得了巨大的成功。而第一个人看到困难就起了消极情绪，马上就选择了放弃，放弃了努力，也放弃了一片光明的前景。

尽管并不是努力就会成功，但放弃努力就没有任何成功的希望。

坚持滚动的三角形

曾经，有一个三角形整天闷闷不乐地躺在角落里唉声叹气，它想着要等别人来弥补完善它的棱角，好让它可以自由地滚动。过了很久，终于有一个很大的圆形向它滚来，三角形非常激动，拦在圆形面前苦苦哀求，希望圆形可以完成它的愿望，把自己带走。圆形笑了笑，说："我本身就是圆形的，不需要和其他东西合并。你为什么不自己走呢？"三角形很郁闷地说："我身上有棱角，没办法滚动。"大圆于是说："谁天生就是自己希望的那样呢？我以前也是有棱有角的。请问，你自己努力过吗？"三角形说："但是，我一动就会摔跤啊！"圆形叹了一口气，语重心长地说："努力坚持不一定会成功，可是你放弃了努力却失去了成功的机会！"圆形说完，便走了。三角形从这天开始努力地尝试滚动。一开始，它爬起来又马上跌倒，可是它依然坚持着，在不断的跌倒和爬起的过程中，三角形终于形成了一个小小的圆形，可以自己滚动了。

　　人生充满了不完美，我们可以为了理想去努力，在努力的过程中，我们或多或少都能学到一些东西，即便遇到挫折，也可以视为对意志的锻炼。可是，如果我们在遇到困难时只知道退缩放弃，那么不但不能成功，还会一无所获。

　　社会对每个人都是公平的。努力得越多，得到的机会就越多。而选择放弃，则会让人失去成功的可能性，甚至失去信心。

坚持获得成功的机会

　　中央电视台的一档节目叫《开心辞典》。这个节目的规则是选手通过答题获得奖品，在答题正确的情况下增加积分，答题错误的话，积分就会被清零。曾经有一个选手获得了很高的积分，只剩最后一关的三道题了。主持人问他是选择到此结束还是继续答题，因为题目是一道比一道难，假使在最后一关答错，那前面所做的所有努力都白费了。许多选手走到这一步的时候都选择了放弃。这个选手想了想，选择了继续答题。结果，这个选手还是在最后一关答错了。主持人问他，对于自己刚刚做出的选择是否感到后悔。选手说："我完全不后悔。刚刚选择了答题，对我来说就是选择了一个获得最后成功的机会，如果我选择了放弃，就完全没有获胜的希望。现在我虽然答错了，但我已经获得了一次机会。"

　　是啊，所有成功的机会都是转瞬而逝的，你是选择用百分之五十成功的机会赌一把还是干脆选择放弃？努力过了，没有成功并不会后悔，但是因放弃而错过成功的机会，就一定会后悔。这位选手以过人的勇气去争取百分之五十成功的机会，虽然最后失败了，可毕竟不会后悔。

在不放弃的人眼中，生活没有真正的困难。一切的难题都有原因，就是不熟悉要做的事，所以怀疑自己不行，其实，只是不熟悉、不熟练而已。而熟悉与熟练，没有什么技巧可言，做得多了，就有了技巧。可惜的是，大多数人都会选择放弃，半途而废，以为可以逃，以为有的逃，逃得掉，最后总会发现，迟早还要面对。

沟通有技巧吗？愿意沟通，尤其是难以面对的时候，再走一步，你一定会发现，如果你不找借口，不轻言放弃，你会发现大多数人都可以沟通。久了，就有了技巧。销售有技巧吗？做多了，就熟悉了，就有技巧了。多一点儿，再多走一步，挺过去，技巧就出来了。开车也好，游泳也好，做得多了就熟了。

就像每一天都写一篇文章一样，很多人觉得这实在很难做到，他们却不知道，任何难的事情都是因为不熟悉。从不熟练，到熟悉了，到熟练了，事情就变得很容易！越是坚持每天都写，一有空就写，就越是灵敏，甚至不假思索就可以一气呵成。你的头脑越用就会越灵敏，你的思想也会越用也宽阔！可惜，多数人做事情总是半途而废，他们不知道每一次的放弃都会累积到下一次，成为一个累积的心理负担和行为习惯。每当你放弃的时候，你就对自己失去了信心，无论是对自己的能力，还是自己的诚信，都不再信任，这种信任的减弱增加了你对未来的疑惑，令你缩在角落里越来越不敢有所作为。

如果你喜欢音乐却不懂音乐，可以养成习惯去不断地聆听感受音乐，不停地投资购买各种风格的音乐作品。日积月累，你会对音乐有新的认识。如果你将来想做一个优秀的电影人却不懂电影，可以不断地观看各种风格的电影作品，一直累积各种体验。在人生最艰难困惑的岁月里，你可以不断地购买阅读各种书籍，来滋养自己的心灵，也可以不断地坚持到各地去旅行，来丰富自己的视野。

耐心地培育自己是非常重要的，任何一种能力都不是所谓天生的。即使存在某些天分，那也一定是用了比别人更多的努力去雕琢而成的。培养自己的眼光，培养自己的心胸，培养自己解决困难的能力，培养自己与不同的人相处的艺术，一切都需要谦卑地累积，不断地培养。永不停息，永不言弃。

千万不要半途而废，这是最可惜的。你并不知道这样做的真正成本，那就是你会渐渐变得瞧不起自己。当你对自己没有信心的时候，就会变得既不能很好地欣赏别人，又不能够很好地信任自己。

有很多人想在某一领域变得出色，居然指望这一领域的优秀老师自动跑到他们身边去了解他们。有的人刚努力一次两次就停下脚步了，却不知道去累积。大多数人都急功近利，稍微付出一点，就急于得到很好的回报，否则就半途而废，前功尽弃。这些都是所谓的"聪明人"，不愿意多走一步，多做一点儿。

其实人与人之间就这么一点差别，那些比别人更富有、更有成就的人，其实都是比别人更用心、更坚持、不放弃的人。

这样一个简单的道理不会有人听不懂，可又有多少人会照着做呢？这就是造就了不同人生的分叉点。

第五节　越是痛苦，越要坚持

有理想的人能在窘境之中看到希望，在黑暗之中看到光明。因为他明白，窘境和挫折只是一种磨炼，能够让你汲取生命的养分，丰厚人生的过程。有时候，坚持活下去要比结束生命需要更大的毅力和勇气。然而，坚强的人不坚持到最后一刻是不会放弃的，哪怕只是借助一些微弱的幸福感和善意的谎言，也要点燃心中的希望。

生命的奖赏在旅途的终点，而不是在起点附近。你需要认准一条路走到头，尽管你不知道要走多久才能达到目标，然而人类坚强的意志力能够战胜一切。有可能你在走到第一千步的时候遭遇失败，可是，或许成功就隐藏在转角之后。只需再坚持一下，或许你就能够见到胜利的果实。任何时候，都要努力向前再跨进一步。如果这一步没有用，就跨出第二步。第二步也没有用的话，就要继续跨出第三步，事实上，每次进步一点点，并不是件太难的事。

从今以后，你不得不承认，每一天的努力就像是砍击一次参天大树。第一击，有可能了无痕迹；第二击，有可能微不足道；第三击，仍不会让大树动摇。然而，只要继续坚持重复地砍下去，累积起来的力量总会让这棵大树轰然倒下。就像雨点洗去一座山，石头填满一片海，蚂蚁吞噬一头大象，奴隶们建造起金字塔。你要一次用一块砖瓦，建造起自己的理想王国。只要你能领悟水滴石穿的真谛，遇上多少痛苦难过都咬紧牙关坚持下来，这世上就没有你做不到的事情。

顽强的毅力能够征服世界上任何一座高峰，你需要用信念、耐心和干劲重塑自己的个性，这正是你超越别人的优势。你绝不能考虑失败，要把你字典中的"放弃""不可能""办不到""会失败""行不通""没希望"这些愚蠢的字眼彻底删除。要相信，这世界上的任何问题都有一把打开它的钥匙。

西汉韩信的家境贫寒，在市井忍耐胯下之辱，却志在千里，遂成王侯。越王勾践牢记王国之耻，卧薪尝胆，发愤图强，十年生聚，十年教训，终成霸业。在不幸的时候，能不能坚持，是能不能尝到苦难过后的果实的关键之一。

在痛苦面前坚持到底

有这样一个故事：一场突如其来的沙暴让一个独自穿行沙漠的旅者迷失了方向，而且他装干粮和水的背包也被刮跑了。剩下来的，只有一只泛青的苹果。旅者便紧攥着那只苹果，步履蹒跚地在大漠中行走，想要找到出路。一天一夜过去了，饥饿、干渴、疲劳快要把他压垮了，可他还是没有找到走出沙漠的方向。可是，每当他快要倒下来的时候，只要看一眼手里那只苹果，他就会又努力支撑下去。顶着灼热的烈日，他在沙漠中艰难地行走着，已经数不清摔了几个跟头，他每次跌倒都会挣扎着站起来，默默地想着："没关系，我还有一只苹果！"

三天之后，旅者终于找到了对的方向，走出了沙漠。

苦难是强势的，但只要心中还有希望，就不会沉溺于"我是天下最不幸的人"的悲叹中。就如同这个在沙漠中迷失的旅者一样，如果他坐在沙漠中一味地悲叹，是绝无可能走出沙漠的。在不幸的环境中，他坚守着希望，才得以获得生命的延续。生存的勇气，只有希望能够赐予，而苦难赐于人磨炼意志的机会，使人今后积极地面对生活。

相对的，假如在痛苦面前不能坚持到底，不仅无缘与成功相见，更有可能让自己懊悔终生。

直面苦难，坚持下去

1952 年，弗洛伦斯·查理维克计划在成功横渡英吉利海峡之后再创一项前所未有的纪录，就是从卡德林那岛游向加利福尼亚海滩。

那天气温非常低，海面上浓雾弥漫。在冰冷的海水中游了漫长的 16 个小时之后，查理威克的嘴唇已经冻得发紫，由于全身筋疲力尽，她阵阵战栗着。这时，她努力抬头去看远方，却只看到重重的迷雾，根本看不到陆地。或许陆地距自己还很遥远，看来没法游完全程了。查理维克想到这里，身体了立即感到无比乏力，连一秒钟都不想待在水里了。她对小艇上的人说："拖我上去吧！""再坚持一下吧！只剩一点儿距离了！"小艇上的人鼓励她。"别骗我了！肯定不只有一点儿距离！快点儿拖我上去！"在查理维克的坚持下，她被拖上了小艇。然而，就在她盖着毛毯喝下一杯热汤的时间里，褐色的海岸线逐渐从浓雾中显现出来。这时，查理维克才知道，刚才小艇上的人并没有欺骗她，刚刚距离成功确实只有一英里（约 1.6 千米）的距离！她后悔不已，恨自己没能够坚持到底。

只有敢于直面苦难，才有可能抵达人生的最高峰。查理维克在身体疲惫和痛苦面前没能坚持下来，所以与自己的奋斗目标失之交臂。实际上，不幸和幸福就像硬币的两面，如果能够直面今天的苦难和不幸，就能够得到明天的希望和成功。

不幸就像是晴空之前的雷雨，只有坚持住、不放弃，才可能看到美丽的彩虹。越是痛苦，越需要坚持。因为只有在与苦难搏斗之后，才能收获自己的梦想。

人生之路的痛苦

有座泥像看着过往的人群，感觉无比的羡慕，于是便向佛陀呼救："请让我变成人吧！"

"把你变成人也可以，但你必须先跟我试走一下人生之路。假如你承受不了人生的痛苦，我将马上把你还原。"佛陀说完，手臂一挥，泥像真的变成了一个青年。

于是，青年跟随佛陀来到悬崖边。只见两座悬崖遥遥相对，此崖为"生"，彼崖为"死"，中间由一条长长的铁索桥连接着。这座铁索桥由一个个大小不一的铁环串联而成。

"现在，请你从此岸走向彼岸吧！"

青年于是战战兢兢地踩着一个个大小不同链环的边缘前行。然而，一不小心，他便跌进了一个铁环之中，两腿顿时失去了支撑，胸口被链环卡得紧紧地，几乎透不过气来。青年大声呼救："快救命啊！"

"请君自救吧。在这条路上，能够救你的，只有你自己。"佛陀在前方微笑着说。

青年扭动身躯，拼死挣扎，好不容易才从痛苦之环中解脱了出来。"你是个什么铁环，为何卡得我如此痛苦？"青年愤然道。

"我是名利之环。"脚下的铁环答道。

青年继续朝前走。忽然，隐约间，一个绝色美女朝青年嫣然一笑，青年飘飘然，一走神，脚下一滑，又跌入到了一个环中。

青年惊恐地再次呼救："救……救命啊！"

这时佛陀再次在前方出现，说道："在这条路上，没有人可以救你，只有你自救。"

青年拼尽全力，总算从这个环中挣扎了出来，然而这时他已累得精疲力竭，便坐在两个链环间边休息边想："刚才这是个什么痛苦之环呢？"

"我是美色之环。"脚下的铁环答道。

接下来，青年又掉进了贪欲的铁环、妒忌的铁环、仇恨的铁环……待他从这些痛苦之环中挣扎出来时，已经没有勇气再走下去了。

于是，佛陀就对他说："人生虽然有许多的痛苦，但也有战胜痛苦后的轻松和欢乐，你难道真的甘愿放弃人生吗？"佛陀问道。

"人生之路痛苦太多，欢乐和愉快太短暂了，我决定放弃人生，还是去做我的泥像吧！"青年毫不迟疑。佛陀长袖一挥，青年又还原为了一尊泥像。然而不久之后，泥像便被一场大雨冲成了一堆烂泥。

泥像变成的青年，并没有懂得人生旅途中痛苦是难以避免的，而且经历过痛苦，才能珍惜轻松和快乐的美好。如果知道了这一点，青年就一定能坚持下去，演绎更多更精彩的人生。了解人生痛苦的人，再多的苦也能坚持下来，越是痛苦，越需要坚持。

第六节　耐心之树，结黄金之果

德国有句谚语："耐心是一株很苦的植物，但果实却很甜美。"相反，世上有些人，光喊着"我要成功"的口号，而忽略了所有的成功都要有埋头努力的耐心。只想一鸣惊人的人通常沉浸在自己的世界里，等某天反省醒悟，会发现身边慢慢努力的人已经获得了比他多得多的收获，自己却还是一无所有。真正的聪明人不会做着"出头"的白日梦，任凭岁月蹉跎。而是会从一点一滴做起，耐心地一步步接近目标。

一粒稻米的耐心

一位立志在50岁之前成为亿万富翁的先生，在45岁的时候，发现自己的愿望根本达不到，于是放弃工作开始创业，渴望能一夜致富。

五年的时间里，他开过旅店、咖啡店，还有花店，可惜每次创业都以失败告终，也让家庭陷入了绝境。他心力交瘁的太太无力说服他重回职场，在无计可施的情况下，跑去寻求高僧的帮助。高僧了解状况后，对太太说："假如你先生愿意，就请他来一趟吧！"

这位先生虽然来了，但从眼神看得出来，这一趟只是为了敷衍他太太而来。高僧一言不发，带他到僧庙的庭院中，庭院约有一个篮球场大，庭中有很多茂密的百年老树。高僧从屋檐下拿起一支扫把，跟这位先生说："如果你能把庭院的落叶扫干净，我会把怎样赚到亿万财富的方法告诉你。"

尽管将信将疑，但看到高僧如此严肃，加上亿万的诱惑，这位先生心想，扫完这庭院有什么难？就接过扫把开始扫地。过了一个钟头，好不容易从庭院一端扫到另一端，眼见总算扫完了，他拿起畚箕，转身回头准备畚起刚刚扫成一堆堆的落叶时，却看到刚扫过的地上又掉了满地的树叶。

懊恼的他只好加快扫地的速度，希望能赶上树叶掉落的速度。但经过一天的尝试，地上的落叶跟刚来的时候一样多。这位先生怒气冲冲地扔掉扫把，跑去找高僧，想问高僧为何这样开他的玩笑。

高僧指着地上的树叶说："欲望像地上扫不尽的落叶，层层盖住了你的耐心。耐心是财富的声音。你心上有一亿的欲望，身上却只有一天的耐心。就像这秋天的落叶，一定要等到冬天叶子都掉光后才能扫得干净，可是你却希望在一天就扫完地。"说完，就请夫妻俩回去。

临走时，高僧就对这位先生说，为了回报他今天扫地的辛苦，在他们回家的路上会经过一个谷仓，里面会有100包用麻布袋装的稻米，每包稻米都有100千克重。如果先生愿意帮他把这些稻米搬到谷仓外，在稻米堆后面会有一扇门，里头有一个宝物箱，里面是善男信女所捐赠的金子，数量不是很多，就当作是今天他帮自己扫地与搬稻米的酬劳。

这对夫妻走了一段路后，看到了一间谷仓，里面整整齐齐地堆了约二层楼高的稻米，完全如同高僧的描述。看在金子的份上，这位先生开始一包包地把这些稻米搬到仓外。数小时后，当快搬完时，他看到后面真的有一扇门，兴奋地推开门，里面确实有一个藏宝箱，箱上并无上锁，他轻易地打开宝物箱。

他眼睛一亮，宝箱内有一小包麻布袋，拿起麻布袋并解开绳子，伸进手去抓出一把东西，可是抓在手上的不是黄金，而是一把黑色小种子。他想：或许它们是用来保护黄金的东西，所以把袋子里的东西全倒在地上。但令他失望的是，地上没有金块，只有一堆黑色籽和一张纸条，他捡起纸条，上面写着：这里没有黄金。

这位先生失望地把手中的麻布袋重重摔在墙上，气愤地转身打开那扇门准备离开，却见高僧站在门外双手握着一把种子，轻声说："你刚才所搬的百袋稻米，都是由这一小袋的种子费时四个月长出来的。你的耐心还不如一粒稻米的种子，怎么听得到财富的声音？"

显然，一粒稻米职守耐心，终成满仓稻谷，耐心的人才听得到财富的声音。其实，所有的成功都需要时间的历练和沉淀。

耐心坚持的"熊孩子"

在很多年以前，台北市的一条长巷子里有两座大院子连在一起，院子里住了很多平凡普通的居民。有一年，侧院搬来一家姓熊的人家，家里有一个孩子。搬过来没几天，熊家的孩子就成了大家教育孩子的反面教材。熊家孩子闷头闷脑，不爱说话，不爱读书，也不和院子里的其他孩子在一起玩，大家都一致认为这孩子长大后不会有出息。不多久，熊家的孩子中考失败了，只能进夜校读书，大家更加觉得他没有用。这孩子在夜校也没有好好学习，而是不停地写武侠小说，哪怕挨了父母的打，依然没有放弃对武侠小说的热爱。周围人都对他冷嘲热讽，他却丝毫也不理会，埋头继续做自己的事情。很多年以后，院子里的孩子都长大成人，过着和父辈一样平淡的生活，这个熊家的孩子却一鸣惊人，写的武侠小说红遍了全国，这个孩子的笔名叫古龙。

由此可见，成功和机遇并不是靠空想就能得到的。古龙在成功之前，一点也不介意外界的因素，不在意别人是否看得起自己，只是埋头做自己的事情，所以最终他才能成功。相对，有些人本身很有才华，却不肯埋头去做基础的工作，总妄想着一步登天。这样是不可能成功的，这类人往往把原因归结为机遇不好，或是自己怀才不遇。想要收获就得先播种，抱怨和幻想不会带给你任何甜美的果实。

孩提时代，很多孩子常常宣扬自己"长大了以后要出人头地"。参加工作以后，周围有很多同事也是天天想着怎么干才能做出一番事业，却不愿意从身边的小事做起，没有耐心也不愿苦干实干地做好自己的每一份工作。

很多酒吧招工的时候，稍微优秀一点的面试者总想应聘管理职位，而不愿意从基层做起，殊不知这也是需要时间的历练与沉淀的。目标远大固然不错，但目标不能够脱离实际。如果只是眼高手低，没有耐心和辛勤的劳动，那么，理想将永远是彼岸花朵，只有埋头苦干才是出人头地的秘诀。

对于一个人来说，想要获得成功，最重要的是看他能否经受得起精神上的磨炼。取得成功的关键要素不在于外在的物质条件，而在于自身实现目标的信心和独一无二的自我肯定。每个人面对选择的时候，先问问自己有没有自信？在遇到可怕的困难时有没有耐心去守住希望？

一只水壶引发的"耐心"

很久以前，有一艘船在夕阳上遇难，约瑟芬等六个人被困在大海中央，船上的人们在恐慌中拼命争夺可以维系生命的食物。约瑟芬心里却很明白，这个时候最重要的东西应该是淡水。于是，他把一只水壶紧紧抱在怀里，剩下的五个伙伴发现其他的容器中都没有淡水，就来抢约瑟芬怀里的这只水壶。没想到，约瑟芬掏出手枪，说："这只水壶是属于我们大家共同拥有的，不到生命垂危的时候任何人都不可以饮用。"接下来的六天里，所有的人都耐心盯着这只救命的水壶，生怕一不注意就被别人喝了去。第六天晚上，一艘过往的船只搭救了船上昏迷的人们。醒来以后，大家才发现约瑟芬的手枪是假的，他死死抱在怀里的水壶也是空的。然而，却是这只空空的水壶赋予了他们生的希望，坚定了他们活下来的信心。

耐心并不是与生俱来的，而是人们在生活中磨炼出来的。这些遇难的人如果最初就发现水壶是空的，一定支撑不到船只来搭救。可是，正是一个虚无的希望给予了他们力量，让他们没有放弃与困难做斗争。

《易经》中有这样一句卦辞："潜龙勿用。"它的意思是，自己处于弱小时，须藏锋守拙，隐忍待机，不可轻举妄动。实际上，不管做大事还是小事，都要有长久的耐心。如果产生急躁的情绪，往往就会跌入失败的深渊。

西汉开国皇帝刘邦，当年用灭楚霸王项羽的余威去攻击匈奴，以为这样就能够一劳永逸地解决边患。孰料，此时由于自身力量不够强大却偏要挑战强敌令自己深陷"白登之围"，险些成为阶下囚。

第一次把中国人的足迹留在茫茫太空的航天英雄翟志刚，曾经先后落选"神五"和"神六"的载人发射，和飞天的梦想失之交臂。然而他却毫不气馁，还拿出更加刻苦的劲头训练，耐心等待时机到来，终于在 42 岁那年一飞冲天，成为中国"飞得最高，走得最快"的人。

做到有耐心其实不是一件容易的事。有一些年轻人虽有"初生牛犊不怕虎"的冲劲，也不缺乏"海阔凭鱼跃，天高任鸟飞"的抱负，但遇到困难和挫折时，往往就会失去耐心，变得不冷静。不冷静就会冲动，冲动之下难免会犯错误，使实现雄心的道路变得艰难。再比如，有的"新官"上任伊始，想踢好头三脚，烧好三把火。孰料，情况不明、仓促出手就会漏洞百出，给以后工作造成被动。以上种种都应了一句俗语："心急吃不了热豆腐。"

想要做到遇事有耐心，冷静的心态和坚定的信念是至关重要的。冷静的心态能让你对事物有最理性的认识，它可以帮助你在正确的时间里做出正确的决定。弱小时韬光养晦，强大时乘胜追击。而坚定的信念能将你所有的力量集中到一个方向，能让你目标恒定，坚定自己的步伐，不到最后，决不言败。就像《士兵突击》中的主人公许三多一样，尽管先天条件并不优越，但在"不抛弃、不放弃"的信念支撑下，默默工作，坚忍执着，最终到达成功的彼岸。

耐心，是一种坚韧、一种积累，更是一种信心和勇气。只要我们能对工作充满热情，对工作中所遇到的困难和阻碍抱以耐心，脚踏实地，一步一个脚印，就能架起一座通往成功的桥梁，实现自己的雄心抱负。

第 3 章

在窘境中百忍成金，收获博大胸襟

自古以来，想成大业者，都要先学会忍耐。大人物成就伟业，小人物做一番事业，都需要忍耐。很多成功者，他们和失败者的唯一区别，通常不是付出更多的劳动和孜孜不倦的努力，也不是有多么高深的智慧和谋略，而只在于他们的耐心和韧性。

第一节　忍耐是孤独的守候

忍耐能力是成功的绝对要素

中古波斯三大诗人之一的萨迪曾经说过："忍耐虽然痛苦，果实却最香甜。"生活不可能如想象得那样美好，但也不会像想象得那样糟糕，人的脆弱和坚强都超乎自己的想象。有时，你可能脆弱得一句话就泪流满面，有时也会发现自己咬着牙走了很长的路。

高木直子所绘的《一个人住第五年》道出了很多人的寂寞时光。有很长的一段时间里，需要适应一个人吃饭，一个人旅行。其实仔细想想也没什么，这个世界运转速度那么快，没有人会在意你是不是一个人。久而久之，人倒是会忘记刚开始孤独时遇到的困难，渐渐地变成自己生活的旁观者，看着生活平静地流淌。都说人是慢慢成长的，其实不是，人是瞬间长大的，就像是突然间沉淀一样，一个人生活单一却也不会感到无聊，即便很多时候还是会迷茫却也不会觉得烦躁了。

很多看起来很成功的人，也有忍耐得很痛苦的时候，我们都不清楚他们是用怎样的代价才换来了这样的一个人生。如果你想要去实现梦想，忍耐就是你必然要经历的一战。如果不能沉下心来，就没有办法去实现它，因为那绝对不是一件容易的事情，孤独能让你更坚强，你必须找到自己的生活节奏。

事实上，没有人能免得了孤独，与其逃避它，不如面对它。孤独并不是一件多么糟糕的事情，同嘈杂相比，一个人生活倒显得自得的多，甚至也可以变成一种享受。或许每个人都需要那么一段时间，几年或几个月一个人生活，不然怎么能找到自己的节奏，知道自己想要什么。这是属于自己的东西，是自己的一部分，听音乐的时候，坐地铁的时候，一个人走在马路上的时候，它就会流淌出来，让你觉得这个世界似乎在以另外一种形式存在着，可以清晰地听到自己。

"一忍，可以当百勇；一静，可以制百动。"一个人胸怀坦荡磊落，能无所不包、无所不容，那就无事不能成、无功不可就了。古代所谓的豪杰人物，都有超过常人的修养，更有着忍耐一般人所不能忍的功夫。心字头上一把刀谓之忍，你若挨得过这把刀，寸寸心血会教你成功。"必有容，德乃大；必有忍，事乃济。"能包容一切，方能接受一切、忍耐一切，然后必能改变一切、克服一切。所谓大肚能容、逆来顺受，并不是天生的窝囊废，相反的正是一个成大功、立大业的强者！

《隋唐嘉话》中有这样一个故事：在唐代宰相娄师德弟弟被任命为代州刺史以后，他问弟弟："怎样居高位而不遭人嫉妒，从而保全自己，达到孝敬父母的目的呢？"弟弟说："从今以后，就是有人把口水吐在我的脸上，我也不会有怨言，我就把口水默默地擦掉算了。"娄师德听了后语重心长地说："人家朝你吐口水，就是对你发怒，如果你把口水擦了，就代表你厌恶人家，对抗人家，冲撞人家，这等于火上加油。不如不擦掉它，让口水自己干掉，并用笑脸来承受这一切吧。"

当今社会高度文明，是以人为本的时代，人的素质和修养在不断地提高，大家都懂得在大事上讲原则，小事上讲风格，但要做到唾液溅脸而不擦的境界和修养的人恐怕不多，绝大多数人没有这种度量。但我们只需要记住一个道理：为了达到自己的奋斗目标，就必须在各种逆境中学会忍耐，忍则有益，斗则必损。当然，我们强调的忍辱负重并不是绝对的，这是相对而言的；如果我们一味地逆来顺受，那就会失去原则，丧失人格甚至国格。

忍受造就强大的精神状态

忍受孤独的能力是成功者的必需条件，忍受失败的能力是重新振作的力量来源，忍受屈辱的能力是成就大业的必然前提。忍受能力在某种意义上构成了背后的巨大动力，也是成功的绝对要素。没有强大的精神状态的人，是不可能有成就和创造力的。

忍耐是一种品质，一种精神。在人际交往中宽厚待人而不睚眦必报，在小的事情上礼让大度而不斤斤计较。忍耐是一种成熟，一种理智，非自清，平和达观，在磨难挫折面前坦然豁达而不灰心丧气。忍耐可以给人一种力量，在布满荆棘的道路上，在莫测的远航中，让生命的光芒在信念中闪烁。云不语，在听；树不语，在看；花不语，在想。忍耐好似静下心来倾听一首打动我们心扉的歌，学会忍耐吧！生活将苦尽甘来。

忍耐，并不是坐在一个地方默默地忍受一切，而是接纳所面临的事物。所以当心事重重时，暂时不下任何判断，不管遇上多么难办的事和蛮横霸道的人，最好暂时忍耐一下，或许到了下一刻事态就会有所变化，或者至少会涌现出新的力量。也许有些人性格较强，机会较多，因此可以更自由地表达自己的天性，可在骨子里人性是相似的，如果我们把日常生活中的每一个举动，以及脑海里的每一个意念都记录下来，就会明白其实人性中掺杂着伟大与渺小，善良与险恶，崇高与卑微。既然责己不必太严，那么对于他人的过错也不必太苛刻，严于律己，宽以待人，才是真正的大气量，既然并不是人人都能做到，至少容忍他人像容忍自己一样吧！

忍耐是一种崇高的人生境界，古人曾在《百忍歌》中写道："忍得淡泊养精神，忍得勤劳可余积，忍得语言免是非，忍得争斗消仇冤。"忍耐并不代表软弱，乃是大度。忍耐并非投降，而是胜利。如果相互都针锋相对，就都会受到不同程度的伤害。其实，人无完人，审视一下自己，我们就没有理由对周围的一切那么苛刻。学会忍耐，会让生活更加轻松。

不论是谁，在人生中总难免身陷逆境。身陷逆境，一时又无力扭转当时的颓势，那么最好的方法就是暂且忍耐。事物总是在不断地运动和变化，在忍耐中等待命运转折的时机。不能忍耐的结果，通常是不得不更长久的忍耐。就算面对别人的侮辱和伤害，有时也需要忍耐。何必匆匆忙忙以一种对抗的方式来证明自己并非软弱可欺呢？你不是好欺负的，并不能证明你是强大的，当你使自己变得强大起来，你自然就不是好欺负的了。忍耐不该成为逃避的托词，逃避是意志的消沉和对信念的背叛。忍耐正相反，是意志的升华和为了使追求成为永恒。两者的区别是：忍耐在心灵上是从容的，逃避在心灵上是仓促的，忍耐从不忘记责任和使命，逃避却早已忘记责任和使命为何物了。

忍耐很容易被人视为怯懦，有些人畏惧人言，所以从来不肯忍耐。殊不知，畏惧人言本身就是一种怯懦。在军事上，防御和退却就是一种忍耐。一个只知道进攻的指挥官，除了用极大的热忱迅速给进攻画上句号并证明自己是个十足的笨蛋外，并不能更多地说明什么。从某种意义上来说，忍耐就是孤独的守候，而这份守候能带着自己走向成功。

第二节 忍字头上那把刀

忍人之所不能忍，才能为人所不能为。善于忍耐的人重视平衡与和谐，遇到不愿意去做的事会充分表达自己的意见，但也会为了顾全大局而妥协，放弃自己本来的坚持。忍耐之心是成功的重要条件之一。孔子克己复礼的思想就是在教导人们忍耐，刘邦取得基本胜利之后广积粮、高筑墙、缓称王，这种忍耐力让他成为一代帝王。

汉高祖刘邦之所以能成功，西楚霸王项羽之所以会失败，原因就在于一个能忍耐、一个不能忍耐罢了。项羽不能忍耐，在对战中百战百胜，便随意地挥动他的刀锋，没有珍惜并保存自己的实力。刘邦善于忍耐，暂时隐藏自己的刀锋，养精蓄锐累积实力，等待对方的衰敝。所以，在楚汉争霸的时候，刘邦的忍耐力让他度过了一次又一次难关，最终登上了皇帝的宝座。

自古以来，想成大业者，都要先学会忍耐。可以想象，如果张良不为黄石公老人虚心捡鞋，如果不曾深夜等候老师，又怎样得到神秘的兵法？刘邦亦是如此，如果不是后来的忍耐，又怎样实现统一天下的梦想？忍耐是身处窘境者的必备法宝，也是成功者具备的基本素质。

大人物成就伟业，小人物做一番事业，都需要忍耐。很多成功者，他们和失败者的唯一区别，通常不是付出更多的劳动和孜孜不倦的努力，也不是有多么高深的智慧和谋略，而是在于他们的耐心和韧性。

在人生的历程中，我们难免会遇到很多需要忍耐的事情。当然，忍字头上一把刀，忍耐的过程中会感到痛苦并备受煎熬，但是只有能忍耐住的人，才可以拨开乌云见到晴天。

忍耐是智者的行为

深圳装修装饰行业的传奇人物韦文军的发家史被炒得沸沸扬扬。在第一天应聘时，他自我介绍说自己今年刚刚毕业，但是很有天分。老板头也不抬地叫他出去，说自己的员工个个都很有天分。老板没有耐心地想赶韦文军出去，他却忍耐下来，换来了几天的试用期。可是，几天之后老板看出他只知皮毛，再次赶他离开。韦文军表示自己只要求吃住，不向公司索取报酬，并每天打扫一遍公司，只因为自己想学电脑。于是老板规定他每天不但要打扫公司卫生，还要洗马桶。韦文军便每天把 700 平方米的公司打扫得干干净净，中午简单地吃口饭，做完工作就过去了大半天，剩下的时间他就坐在别人的电脑前看别人操作。等大部分人都下班之后，韦文军再收拾一遍同事们留下来的垃圾，匆匆吃点东西，趁着夜深人静的时候看各种专业书籍，并且上机练习操作。

后来，为了学习建筑知识，他时常在总工程师有空的时间为他端上一杯热茶。总工程师却总是看都不看他一眼，问："你洗完马桶之后有没有洗手啊？"韦文军从来没有因为这种嘲讽而退却，反而更加细心地观察，发现总工程师每晚动笔之前都有喝一口白酒的习惯，于是用自己不多的积蓄买来了各式名酒和下酒小菜给总工程师。这之后，韦文军才被总工程师默许坐在身边。

时间一长，老板发现韦文军的 3D 装修效果图画得很好，中标率非常高。经过反复研究，把韦文军提升为设计总管，月薪涨到 6000 元，并把一些大项目放手交给韦文军做。1999 年 7 月，公司接到了一个大单——"东海庄园"别墅群规划，设计费是200万元人民币，全部交给韦文军一个人来完成。韦文军短短两个月内就画了37张3D效果图。客户看到韦文军设计的图纸后赞不绝口，十分干脆地把尾款全都划到公司账上。随后韦文军又被提升为艺术总监，专门负责为3D图纸的艺术效果把关。他的月薪涨到了两万元，还有年终提成。两年后，韦文军拿着自己攒下的50万元开了一家装饰公司。回想起自己在公司洗马桶的那段时间，韦文军感慨万千。

传奇人物韦文军正是在受到排斥的时候能够忍耐，老板不重视自己的时候能够忍耐，才能够在短短三年的时间里取得了那么大的成功。

当一个人确定好自己的目标之后，除了顺势而为，还要忍耐。遇到让自己难过的事情，大打出手或是大骂出口或许可以出一时之气，但你却会因此永远失去了成功的机会。只有忍耐才是智者的行为，才能带着你去往成功的领地。

生活在尘世之中，总不会事事顺心。我们不仅要享受到幸福和欢乐，同时也要承受伤心和失望。当你遭受到侮辱或嘲弄的时候，是火上心头，还是忍耐下来，用争气取代生气呢？学会忍耐，学会淡然，这是一种做人的智慧，更是一种超脱。

忍一忍，让他三尺有何妨

康熙年间，有个叫张英的官员，字敦复，号东圃，是安徽桐城人，官至文华殿大学士兼礼部尚书，人们也称他为宰相。一天从他的家乡发来了一封急信到北京，张英一看，原来是老家的邻居叶家想要霸占张家宅子边上的地皮筑墙，两家争地不休。家里人希望他出面，干涉对方的行为。张英真是"宰相肚里能撑船"了，没有选择用权势压人，而是给家里寄了一首诗："一纸书来只为墙，让他三尺又何妨。长城万里今犹在，不见当年秦始皇。"家里人看到这诗后，就照着张英的意思做了，当即拆墙退让三尺。对方一看这样子，也深受感动，也后退了三尺为谢。于是，今天安徽桐城西后街便有了个"六尺巷"，至今犹存，一边是"宰相府"的张氏宅，一边就是邻居叶氏宅。

如今社会为人处世，做事都不能太绝，要与人为善，与己为善，没有过不去的火焰山。古人尚有"一纸书来只为墙，让他三尺又何妨"的境界。当你遇到走不过去的地方时，不妨退一步，让对方先过！即便是行驶在宽阔的道路上，让给别人三分便利，又有何妨！

"忍"字，从字面上看，是"心字头上一把刀"，刀放在心上都能忍，还有什么不能忍的呢？忍字的解释就是忍耐、忍受、忍心、忍让的意思。遇事，要学会忍耐、忍受；受气，要学会忍气吞声；受辱，能忍辱负重。一个"忍"字代表你的修养，一个人胸襟坦荡、修养深厚，方能成就大事。人人都有自尊心和好胜心。在现实生活中，对一些非原则的问题为什么非要得理不让人呢？显示你柔顺的君子风度有什么不好？可有些人，为一些鸡毛蒜皮的小事争得不亦乐乎，非得分出子丑寅卯来。有的人甚至为一些小事争得大打出手，闹得不欢而散，朋友结怨，反目成仇，严重者甚至闹出人命，实在是大可不必。对朋友犯错，也要"忠告而善道之，不可则止"。就是对朋友所犯的错误，以诚意提供忠告，如果对方不听，就要中止劝告暂时观察情况。劝说朋友时，要先了解对方的想法，然后在顾及对方颜面的前提下，陈述自己的意见，给对方留有余地。对于非原则性的问题，要给朋友台阶下，维护朋友的自尊心。这样做不但可以加深朋友间的感情，还能体现出自己的宽广胸襟和气量。

第三节　柔而不争为上善

老子在《道德经》中写道："上善若水，水善利万物而不争。"意思是说，最高境界的善行就像水的品性一样，泽被万物而不争名利。一味地好强并不是什么好方法，柔能克刚，在发展过程中必然会出现柔的一面。

老子的老师常枞年老的时候，把老子叫到身边，开口问他，自己的舌头还在不在？老子回答在。他又问牙齿，老子回答说，已经掉光了。常枞接着问老子原因。老子回答说："老师您上了年纪，舌头还在是因为它柔软，而牙齿掉了是由于它刚强。"常枞说，这个道理不仅对舌头、牙齿如此，也适用在天下的万事万物上。

在《诸葛亮兵法》中有这样一段话："善将者，其刚不可折，其柔不可卷，故以弱制强，以柔制刚。纯柔纯弱，其势必削，纯刚纯强，其势必亡，不柔不刚，合道之长。"这段话讲述的是将领的修养，中心意思是说当将领的人要刚柔并济，该坚强的时候坚强，该柔和的时候柔和，善于审时度势才可以立于不败之地。

其实不但作战是这样，在做人做事上一样需要刚柔相济，刚而能柔，可以强势取胜，柔而能刚，可以化解激烈的场面争端。做人做事的时候，如果能把方与圆的智慧结合起来，达到灵活性和原则性的统一，就能够拥有高度的智慧和修养，达到最后的成功。

刚柔并济的晏婴

在春秋时期，齐国有个有名的宰相叫晏婴，他头脑灵敏，能言善道。在出使的时候，晏婴充分地运用了刚柔并济的处事之道，一次又一次地完成了使命。

有一次，晏婴奉命出使楚国。楚灵王一听说晏婴要来，想要亲自羞辱他一番，便命人在城门旁边开了一个五尺来高的小洞。等到晏婴一行人到来的时候，看到城门紧锁，便把车停下来，派人去开门。守城士兵说："听说齐国的使者身材矮小，可以从边城的小门入城，所以没把大门打开。"晏婴于是大声说道："出使狗国的人，才会从狗洞里钻进去。现在我出使楚国，不该从这个门进去吧？"礼宾官见事情不妙，无奈之下只好让晏婴从大门进入。

晏婴进宫拜见楚灵王。楚灵王只是瞥了晏婴一眼，傲慢地说："怎么回事？齐国难道没有人了吗？怎么会派你做使者？"晏婴回答："齐国人民众多，人们张开袖子便成了阴天，大家抹把汗一挥就像下雨，街上人们肩挨肩脚碰脚走路，怎么可以说齐国没有人呢？"楚灵王听罢，又问道："既然如此，齐景王为什么要派你这样的人呢？"晏婴回答说："齐命使，各有所主。贤者使贤王，不肖者使不肖王。晏婴不肖，故而出使楚国。"楚灵王听了以后非常尴尬，本想发作，又觉得自己理亏，只好以礼来款待晏婴一行人。

第二年冬天，晏婴再次奉命出使楚国。楚灵王听说晏婴这个矮子又要来，下定决心这一次要设法羞辱他一番，来报上次的仇。

晏婴到了楚国以后，楚灵王设宴招待晏婴。喝到一半，一个被捆绑着的男人从殿下走过。楚灵王装出生气的样子斥责了一番，随后又装作漫不经心地说："他是哪儿的人，犯了什么罪？"两名兵士很慌忙地答道："他是齐国人，犯了偷盗罪。"楚灵王用眼睛斜着瞄晏婴，摆出一脸困惑的神态说："你们齐国人都是这么喜欢偷盗的吗？"晏婴离开座位向楚灵王深施礼，答道："大王，我听说橘子树生长在淮南，它就结出橘子；如果移栽到淮北，它就结出枳子。虽然它们的叶子相似，果实的味道却不同。这是什么原因呢？我想，这主要由于淮南、淮北两地的水土不同啊！现在，齐国的百姓在齐国不偷不盗，而来到楚国以后都当起了盗贼，该不会是因为楚国的水土使人变得喜欢偷盗了吧？"晏婴说的这番话让楚灵王气得目瞪口呆。

只知柔和、软弱，就会削减自己的力量，以至失败。只知刚烈、刚强又会导致刚愎自用，也必然会走向灭亡的道路。而晏婴做到了刚柔相济，不卑不亢，才为自己的国家赢得了一次次的尊严和胜利。只是方，就方方正正不懂变通；只是圆，就柔弱寡断没有魄力。所以，做人处事都需要刚柔相济，发挥方圆无碍的智慧。

如果世上只有刚和方，那么人们就会失去人情和温暖，凡事只讲求原则，据理而为，容不得丝毫的法外之情。相反，如果只有柔和圆，那么任何事情都能够变换扭曲，完全没有立场和规矩，注定也只能失败。数量上的不多不少，是一种智慧；时间上的不早不晚，也是种智慧；态度上的不偏不倚，同样是种智慧。能文能武，能刚能柔，一直以来是从古到今人们所追求的一种至高境界。拥有这种智慧的人懂得在生活中求新、求变，碰到挫折永不言败，而在需要的时候，又懂得在各种角色之间穿梭。要做到这点并不容易，但努力做到这点就可以引导人们走向成功的殿堂。

人生在世，没有能够常胜不败的人，真正的智者是进退自如、能屈能伸的人。在遇到困难的时候，勇敢无畏的前进固然是勇者，但更勇敢和明智的人会在需要"退"的时候果断退下。只有委曲求全才可以保存自己的实力，顺应形势，争取到反败为胜的时间。自古以来，能够为大事的都是能屈能伸的大丈夫。

吕蒙正度量如海

在宋太宗、宋真宗时三次担任宰相的吕蒙正襟怀宽广、度量如海。《宋史》说他"质厚宽简，有重望，以正道自恃""叫皆服其量"。在吕蒙正没有当上宰相的时候，有一位朝士指着他说："这小子也能来参政？"吕蒙正装作没听见，甚至没看他一眼。等他成为宰相时，一些官员让他追查当年那个人是谁，吕蒙正却说："如果知道了他的姓名，怕以后我都忘不掉了，所以还是不问的好。"

后来有一天，吕蒙正听到几个儿子在家里面小声说话，就问："我在朝中做宰相，外边是不是有什么议论？"

儿了就回答："你的口碑非常好，只是有人说你无所作为。父亲，你是当朝的宰相，皇上把你提升到这个位置上，就是看中你的才能，为什么你总是让人三分呢？"吕蒙正笑着说："我做宰相，人若不尽其才，才是我真正的失职啊！"

在吕蒙正做宰相之后不久，有人揭发蔡州知州张绅贪赃枉法，吕蒙正就把张绅免了职。朝中有人借这件事向太宗诬陷吕蒙正，说张绅家里富足，不会把钱看在眼里，因为吕蒙正贫寒的时候曾向张绅借钱，张绅没借给他，所以他公报私仇。太宗于是恢复了张绅的官职，吕蒙正什么也没说。后来别的官员在审案的时候又得到张绅受贿的证据，把他免职了，太宗这才知道冤枉了吕蒙正，就对他说："张绅果然贪污受贿了。"而吕蒙正只说："知道了。"

做人应该能屈能伸，若只是迎难而上，很容易遭受挫折。吕蒙正最可贵的品质就是刚强有度，能包容时则不据理力争。在他人蔑视他时，他甚至不去追究那人是谁。在别人议论他时，他不做理会。在被诬陷时，他不动声色。因为没有触犯到自己的原则底线，所以他容忍了他人的不对。

"大丈夫要能屈能伸"，似乎这句话成了解释"大丈夫"这词的最佳绝句。能屈能伸这种心态和意境，不是每个人都有机会达到的。最起码，大丈夫就像小部分人的荣誉一样是完全合乎二八法则的。

当人的一生都是平凡和平淡时，根本不存在屈与伸的区别，反正一日三餐，足够糊口，尽管没有山珍海味，也可以用咸鱼白菜来代替，如果菜色不甚鲜美，也可以用垫桌子的报刊上的图片代替，有时候还有养眼美图来调调脾胃。这是多么平静美好的日子啊！

相反，一生有起有落的闯荡日子里，可能食无定时，有餐无餐，有时在高档餐桌上，有时在街边享受三明治，有时饮酒如同喝水。然而事情总是没完没了，这是多么没规律的日子。如果让你去选择，你想过平静的日子，还是没规律的日子呢？

我们中国流传下来的太极阴阳图就已经点明了"阴中有阳，阳中有阴"，平静安稳是大风大浪的前奏，风云变幻中是安邦定国的前奏。到底该先受风云雨雪的洗礼，还是先享受与世无争的平静，抑或先磨炼自我心志能屈能伸的态势？这是个人的选择了。

大丈夫能屈能伸

　　韩信年少时曾受过胯下之辱，但他并不是懦夫。他之所以会忍受这样大的屈辱，是因为他的人生抱负太大了，没有必要逞一时的匹夫之勇。"小不忍则乱大谋"。后来，韩信跟随刘邦逐鹿中原。在他与部下谈起这件事时说："难道我当时真没有胆量和力量杀那个羞辱我的人吗？但是如果杀了他，我肯定会入狱，那样我的一生就全毁了。我忍住了，所以才有今天这样的地位和成就。"

　　人们在实现自己的理想目标时，往往在实践过程中都会遇到这样那样的困难和挫折，难免气愤、胆怯、自卑、情绪冲动、心灰意冷、意志动摇等，立场愈高所遇到的困难就越大。猝然临之而不惊，无故加之而不怒，这就是大丈夫能屈能伸、乐观坚毅精神的表现。

第四节　忍耐这门艺术

　　人生就像一盘棋局，在分出胜负之前有很多步的准备。不同的是，棋局输了可以总结经验，下次再来，人生却不能重来。有些人，输了几颗棋子便丧失信心和耐心，低头认输或弃子投降。有些人却守着剩下的几颗棋子，认真部署，最后即使输了也输得漂亮，更有能者可以在残局中峰回路转，起死回生。总之，即便平时没有突出表现，只要耐心地等待机遇，就有可能在未来的某天一鸣惊人。

隐忍待发，一鸣惊人

《韩非子》中有记载："楚庄王莅政三年，无令发，无政为也。右司马御座而与王隐曰：'有鸟止南力之阜，三年不翅，不飞不鸣，嘿然无声，此为何名？'王曰：'三年不翅，将以长羽翼；不飞不鸣，将以观民则。虽无飞，飞必冲天；虽无鸣，鸣必惊人……，'"《史记·滑稽列传》也记载说："淳于髡，齐之赘婿也。长不满七尺，滑稽多辩，数使诸侯，未尝屈辱。齐威王之时喜隐，好为淫乐长夜之饮，沉湎不治，委政卿大夫。百官荒乱，诸侯并侵，国且危亡，在于旦暮，左右莫敢谏。淳于髡说之以隐曰：'国中有大鸟，止王之庭，三年不蜚又不鸣，不知此鸟何也？'王曰：'此鸟不飞则已，一飞冲天；不鸣则已，一鸣惊人。'"

从史料中可以发现，楚庄王和齐威王并不是真的昏庸好乐而后才浪子回头，而是在自己刚登上皇位的时候暗中观察、忍耐、谋划。经过长时间的准备，等待机遇，最后才大有作为。

织田信长的忍耐力

在古代的日本，有位著名将领叫织田信长，他非常工于心计，但粗略一看，却是个很鲁莽的人。当年，武田信玄在位的时候，织田信长还势单力薄，完全没有足够的能力去对付武田信玄。因此他对信玄唯命是从，不但俯首称臣，还常常逢迎拍马，一边表达着对信玄的钦慕，夸他是举世无双的英雄；一边贬低自己，表示希望信玄多多指点，极尽奴颜婢膝、谄媚取宠之事。除此之外，他还时不时给信玄送去奇珍异品，并致力于建立双方的姻亲关系。后来信玄去世，他的儿子胜赖嗜战成癖，完全不顾父辈的关系，一举攻下了织田信长的18个城寨。遭受这样的欺凌，信长依然是一副畏畏缩缩的模样，一点儿也不还击。当然，织田信长绝非个苟且偷安的平庸之辈，只是因为他觉得时机未到，不敢轻举妄动。最后在家康最后通牒的要挟之下，他才不得已勉强答应与其联手来对付武田胜赖。他一面整军备战，蓄力以待，等待着武田军队的消减衰弱。长被会战后七年，他看到时机已到，才举兵讨伐武田胜赖，并获得了成功。

织田信长以其无比的忍耐力，捕捉敌我势力消长的契机，最终获得了成功。有些人，走一步算一步。与高手对招时，一棋下错，满盘皆输。而织田信长这样的人却是在一开始就部署安排，耐心忍受，直等到机遇来临才起兵讨伐，最终一举成功。

忍耐的雄鹰

在动物的世界，雄鹰翱翔在高空，似乎有着比谁都潇洒的生命，然而它捕食的过程却异常艰辛。有一次，老海龟想要带小海龟上岸玩耍，但是又害怕会遭遇雄鹰的袭击，于是老海龟决定自己先去打探情况。结果雄鹰果然向老海龟俯冲而去，锋利的爪子就要抓到海龟，在这时，一个渔农突然出现，赶走了觅食的雄鹰，老海龟被救了下来。老海龟回到海中，游了好一阵子，以为雄鹰老早就飞到别的地方去了，于是安心地带着小海龟们上岸去。结果，坚守的雄鹰一直在岸边等待着机会，毫无防备的老海龟丧失了性命。

雄鹰正是由于超强的耐心与毅力才获得了食物。等待机遇的过程是漫长的，也是痛苦的。在这过程中，时间越久，忍耐得越辛苦，在最后的关头，是坚持下去还是放弃，就在于自己的心态。雄鹰忍耐着饥饿和不安，唯有紧紧盯着海滩才能等到猎物出现的瞬间。它没有放弃，所以以迅雷不及掩耳之势捕捉到了食物。

哈佛大学流传着这样一句名言："当机会来临的时候，你准备好了吗？"这句话可以理解为，成功需要充分的准备，没有养精蓄锐的过程，就不会拥有一鸣惊人的结果。一夜成名的人在那夜之前一定有千百夜的辛苦努力。要想一鸣惊人，就要摆脱过去惯常的思维逻辑，深入观察一些不容易被注意的地方，才有爆发创意的机会。在面对困境的时候，要具备细腻的洞察能力，透过表象看本质，放开自己的思维去考虑。此外，还要有坚定的信心，忍耐到机会降临为止。

在人际交往中，两个人发生争执的时候，总能看见有一方理直气壮地训斥对方，而另一方也在据理力争，场面越来越混乱，情形越来越不妙，双方都有一种决不罢休的势头。到了最后，无论谁有理谁没理，都会让人懊恼不已，后悔不迭。其实，很多时候针锋相对并不能解决问题，理直的时候并不一定要气壮才能显示自己是对的。冷静地处理，明智地忍让，有时更能看出一个人的思想修养与人格魅力，也更能体现出一个人的素质，更有助于矛盾的解决。身边发生的很多事情告诉我们：忍让是一种美德，只要学会忍让，再大的事也能寻求到良好的解决方法。

记得一位先人说过，人比动物高贵是因为人有理智和感情。人们生活在同一个环境里，难免会发生一些磕磕碰碰的事情，只要不是原则问题，就应当理智对待，学会忍让。

解决纷争最好的方法是忍让

一个周末的深夜，乌云压得很低，空气中一股闷热感袭来，眼看一场大雨就要开始了。在公交车站的候车亭内，焦急等待着的人们终于等到了最后一趟车的到来。但是，由于大家都很着急，所以，车子还没有停稳，就一窝蜂似的抢着上车。

忽然，有一个男子大吼道："你没长眼啊，踩着我了，看看我的鞋子……"

"先生，对不起啊。"另一个男子急忙说。

"一声对不起就行了吗？我刚刚新买的鞋，还没穿半小时呢，就让你给踩脏了。"

"真是非常抱歉，是我自己不小心，请您原谅。"

"别磨叽了！赶紧把我的鞋擦干净了。"被踩的那人毫不退让。

"唉！两位静一静！"这时，年轻的女售票员拨开围观的群众走过来，对着两人说："今天这场雨下得突然，大家都着急回家，咱们人多，所以免不了磕磕绊绊的，既然同坐一辆车，也算是一场缘分，大家互相让一步吧。没必要因为这点儿小事就坏了自己的心情，大家说是不是？"

售票员的话得到了周围人的认可和赞赏，大家纷纷劝解。那男子似乎觉得有点儿尴尬，过了一会儿，他突然抓住踩他皮鞋的那人的手说："很抱歉，刚才我过分了！"

"我应该跟你道歉才是，踩了你的皮鞋我也过意不去，以后我多多注意。"说完，两人都笑了。

这世上有各种纠纷，比如家庭纠纷、亲戚朋友之间的纠纷、同事之间的纠纷、邻居之间的纠纷、陌生人之间的纠纷等。如果不及时地加以解决，无疑就会影响相互之间的关系和社会的安定团结。要解决这些问题，忍让是最好的方法之一。

在有限的人生里，我们必须学会忍耐的艺术，因为大自然的行为一向是从容不迫的，人是最软弱的动物，不管是谁，即使有强壮的身躯和钢铁的意志，都是有限度的。

一个人在不能有所作为的时候，最好选择忍耐，有时要忍受你不能忍的东西。忍受是一个人获得精神平衡的基础。宽容就是处世老练，圆滑善用技巧。正如人走路，直走行不通的话，就可以想办法绕过去。一个人如果过分方方正正，就像生铁一样一扭就容易断，但一个人如果八面玲珑、圆滑透顶，总是想让别人吃亏，自己占便宜，久而久之，谁还愿与这个人打交道呢？这种人自然也是人生的失败者，做人就必须方外有圆，圆中有方，外圆而内方。

第五节　不可不知的忍技

忍让也是一种人生技巧，达到一定境界的人不但能够圆润地处世，更能成功地达到事业的顶峰。

忍技之一，外柔内刚

能忍与不忍往往只是一念之间的事，当我们已开始拥有忍耐心后，就应该注重忍耐的技巧了。比如：微笑的面容，文雅得体的举止、言语等可以令人如沐春风，不觉间受到感染，或是改正自己的粗暴、无礼，或者以礼还礼，礼尚往来，让这种美德不断影响周围的人，逐渐形成一个祥和、安宁、谦逊、识礼的氛围。对待同一件事情，不同的人有不同的应对方法，即使是懂得"忍让"之人，其技巧的高低也会导致结局的好坏。老子说："知其雄，守其雌，为天下鸡。"人生应树立外柔的意识，不为无谓的雌雄之争而浪费人生短暂的时光，抛弃人生的使命。当我们理解了《菜根谭》中"执拗者福轻，而圆融之人其禄必厚；操切者寿夭，而宽厚之人其年必长。故君子不言命，养性即所以立命；亦不言天，尽人自可以回天"这段话，自然可以平衡内心与行为，行事处世方能深谙外柔内刚之道。

忍技之二，天道忌盈

宇宙中存在着自然法则，中国的先哲们也向来讲究道法自然。无论是在天地、阴阳、昼夜等事物间，还是在男人女人之间，自然之道都可以创造出一种平衡，一种动态的平衡。如果这种平衡被打破的话，灾难的产生也就是必然的事。

月在天，有盈有亏；水在地，潮涨潮落；人在世，生老病死等都是自然法则的体现，没有谁能抗拒得了，也没有谁能躲避得掉。天道也忌盈，何况人道呢？对于我们人类来说，同样也是不能以极端的方式来面对人生。过分的积极或过分的消极都不是正确的人生态度，过分的刚强与过分的柔弱也不是完美的性格。欲取得生命的平衡，就应该做到思想与行动上的平衡，而这种平衡就是能够在理智与情感、逻辑与直觉、紧张与松弛以及理想与现实之间寻找到一种和谐、稳定与统一。

忍技之三，难得糊涂

聪明有大聪明与小聪明之分，糊涂也有真糊涂与假糊涂之别。"扬州八怪"之一的郑板桥曾说过："聪明难，糊涂也难，由聪明转入糊涂更难。"可见"糊涂"是怎样的"难得"。

现如今，无论是得其精体者也好，附庸风雅者也好，为官者也好，布衣平民也好，郑板桥"难得糊涂"四字可谓是随处可见，但真正能理解其含义的人却不多，也确实不容易。当初郑板桥在做官的时候，把官场和世事看得太清楚、太明白、太透彻而又无以力释之时，又因为他性情刚直，不谄媚、不圆滑，而不平不公之事太多，凭一己之力却又无能为力的时候，只好在"糊涂"之中寻求遁世之术。老子曾对孔子说过："良贾深藏若虚，君子盛德若愚。"意欲借善做生意的商人总是将其宝货深藏不露，等待识货之主人到来，有真才实学的君子总是凭愚笨的容貌来隐藏自己，等到关键时刻来临时才显山露水来说明一个人不可过分炫耀自己的能力，否则，白白耗费精力，又招致他人的反感。

"满招损，谦受益"已是耳熟能详。它的本意是说骄傲自满的人会给自己带来损害，而谦虚的人则会得到许多的教益。从另一个角度来说，这句话也是说一个人不可太过精明，事事清楚明白，不给人留些余地，最终只会给自己造成伤害。人毕竟没有三头六臂，当你时时事事都要比别人聪明、能干时，你当然会引起别人的反感和嫉妒，终究"明枪易躲，暗箭难防"，导致自己无谓地被伤害甚至牺牲。真正的聪明人，正直的人根本无须在一些琐碎小事上锱铢必较，此时"糊涂"一下又何妨？只要能在大事上、原则上保持清醒的头脑就行了。

人性本是喜直厚而恶机巧的。而胸怀大志之人为实现自己的理想、抱负，有时又不得不在不尽如人意的环境中巧施机智，既达到自己的目的，又不为人所厌恶警戒，所以应学会藏巧于拙，"用晦而明"的处世方法。就像元末的朱元璋，当他率部攻占了南京之后，聪明的他听从了耆老朱升的建议，以"高筑墙、广积粮、缓称王"的策略，这样做不仅避免了因崭露锋芒而成众矢之的，又为自己赢得了时间，积蓄了足够的力量予以各个击破，成功地实现了陈仓暗度的计谋，坐上了皇帝的宝座。

"聪明一世，糊涂一时"说的是聪明人有时也会做蠢事。但"难得糊涂"却是说聪明人表面上愚拙，其实内心清楚明白，"糊涂"有时是不得已而为之，有时却是故意的，为不同流合污，成为保全自己的人格、尊严的举动。俗话说：真正聪明的人，往往聪明得让人不以为其聪明。也就是说，有些看似"愚笨"、"糊涂"的人事实上却是最聪明的人。

洪武年间，朱元璋手下的郭德成就称得上是这样的一个人。当时的郭德成，有位妹妹在宫中服侍皇上，自己则任骁骑将军，可以自由出入宫中，深得皇上的偏爱。

有一天，皇上召他入宫，在出来时，皇上悄悄塞了两锭黄金给他，并叫他不要声张出去。受到恩宠的郭德成恭恭敬敬地谢恩后就将黄金藏到了靴筒中。走到宫门口的郭德成突然一反常态，东倒西歪全然一副醉酒的样子。一不小心摔到了地上，靴筒中的黄金就露了出来。守门的侍卫一见马上报告朱元璋，朱元璋却不以为意地告诉侍卫说："那是我赏赐给他的。"可这件事依然闹得满城风雨。有人责备郭德成，说他没有遵从皇上嘱咐，让他不要声张，他反而故意显山露水。但看似"糊涂"的郭德成却自有一番见解："宫廷内戒备森严，哪有藏着金子出去不被知晓之理？知道的说是皇上赏的，不知道的还说我是从宫中偷的？要想人不知，除非己莫为。到那时，我岂不是百口莫辩？再说，因为我妹妹在宫中服侍皇上，我可以进出无阻，又怎知这次不是皇上试探我呢？"

郭德成的这番分析实在是合情合理，何况他说的也不是不可能发生的事，因此他能防患于未然。这样的"糊涂"之举免却了很多的麻烦与灾祸，不可谓不聪明矣。

细细思量，郭德成的"糊涂"源于他没有贪财的心，没有贪势的念头，能忍住利益的诱惑。"糊涂"运用到商战中是为了取胜，运用到社交中则是为了处理好彼此的关系。当我们在修身养性时，"糊涂"可以令我们心境平静，无欲无贪，正如"值利害得失之会，不可太分明，太分明则起趋避之私"一样。小事糊涂者，轻权势、少功利、无烦忧，则终成正果；大事糊涂者，则朽木不可雕也。世人应慎之。

第六节　人生的高度取决于气度

常言道："多读书养才气，重情义养人气，温处事养和气，淡名利养正气，不媚俗养骨气，敢作为养浩气。"这段话的主要意思就是让大家明白，气度是一个人的内在休养，虽然用肉眼看不见，用心却可以感受得到。有气度的人，多是大气而谦逊的人，而一个人的气度，影响了他能够拥有怎样的人生。

有气度的人更容易脱颖而出

某个公司的总裁要为核心部门挑选一个适合的经理人选，尽管来应征的人非常多，却没有一个能通过总裁的"考试"。有一天，一位不到 30 岁的硕士前来应征，总裁通知他深夜两点到自己的家里面试。于是这位硕士便在约定的时间去按总裁家的门铃，可是却没有人来应门。硕士觉得很奇怪，但还是在门口等着。到了早上 7 点，总裁才打开门让硕士进去。坐下之后，总裁问他："你会写字吗？"硕士回答"会"。总裁马上拿出一张白纸，说："请你把白板上的白字写在上面。"硕士按要求写完，却没有等到下一题。他疑惑地问了一句："就这样吗？"总裁回答："对！"硕士觉得有点儿莫名其妙，就这样告辞了。第二天，总裁在会议上宣布，硕士通过了这项严格的考试。他解释说："一个年轻的硕士，聪明和学识都不是问题，所以，我考验了他的牺牲精神，让他半夜两点来面试，他按时来了；我又考了他的脾气和忍耐力，要他空等了 5 个小时，他也做到了，而且没有发火；最后，我又考验了他的谦虚，一个小学生都会写的字他也肯写。这位硕士不但有学历和学识，还有牺牲精神、忍耐力和好脾气，还很谦虚。这样德才兼备的人，还有什么可挑剔的？我决定任用他！"

气度是一个人成功的重要因素。这位硕士正是由于有非一般的气度，才会被总裁立即录用。一个有气度的人，可以忍他人所不能忍，容他人所不能容。苏轼在《留侯论》中写道："古之所谓豪杰之士者，必有过人之节，人情有所不能忍者。"有气度的人必定有着坦然的心境，不论身处怎样不顺的窘境，都同样的努力，从不怨天尤人。

奥运冠军的气度

2004年8月16日凌晨，悉尼奥运会匈牙利老将纳吉以15：10击败亚特兰大奥运会个人冠军、法国剑客弗莱塞尔，成功卫冕。在这场比赛中，出现了一个令在场观众感动不已的场面：弗莱塞尔的比赛装置临时出现了问题，纳吉主动走上前去帮她整理好服装，然后双方才正式进入比赛。全场观众对纳吉的这一举动给予了雷鸣般的掌声。她不但拿到了金牌，更赢得了对手和所有观众的尊重。

输要输得光明磊落，赢也要赢得堂堂正正。纳吉的举动体现了一个优秀运动员的英雄气度和宽阔胸襟，她的气度早已超越了功过和胜负。气度虽然是与生俱来的，但通过后天培养也能改变，学校环境、家庭环境以及社会环境等等，都是影响人的重要因素。

容纳对手的气度

18世纪时，法国科学家普鲁斯特和贝索勒是一对论敌，他们用了9年的时间争论定比这一定律，双方各执一词，互不相让。

最后以普鲁斯特的胜利而告终,普鲁斯特成了定比定律的发明者。然而,普鲁斯特并没有因此而得意忘形。他真诚地对曾激烈反对过他的贝索勒说:"要不是你一次次的质难,我是很难深入地研究下去这个定比定律的。"同时,他特别向公众宣告,发现定比定律,贝索勒有一半的功劳。

这就是气度。允许反对意见的存在并公开地接受它,吸取其中的营养。普鲁斯特的这种气度令人感动,更让人钦佩。

令人感动的气度

1900 年,在巴黎第二届国际数学家大会上,德国一位著名的数学家希尔伯特提出了"希尔伯特第十问题"。它要求寻找判定整系数代数多项式方程是否有解的算法。究竟是怎样的算法呢?在当时还没有十分明确的定义。这个困难让"希尔伯特第十问题"在提出后的 30 年时间里都没能取得任何实质性的进展。一直到了 20 世纪 30 年代,对算法的研究才逐步深入。后来又经过美国学者戴维斯、普特南和罗宾逊夫人陆续 10 余年的研究,才提出了"罗宾逊猜想"。这个成果虽然距离"希尔伯特第十问题"的解决只剩一步之遥了,但要踏上这一步难如登天。

1970 年 1 月 4 日,俄罗斯数学家马蒂亚塞维奇成功地证明了"罗宾逊猜想",进而解决了"希尔伯特第十问题",当时的马蒂亚塞维奇还是个不满 23 岁的年轻人。2 月 15 日,罗宾逊夫人被同事在电话里告知了这一消息。尽管罗宾逊夫人曾距离答案那么近,但却仍然与之失之交臂,而她却不觉得遗憾,她对数学真理的追求远远超过了对个人荣誉的追求。她还致贺信给马蒂亚塞维奇，信中写道："特别让我觉得高兴的是，当我最初提出那个猜想的时候，你还是个孩子，而我不得不等待着你长大。"戴维斯也十分兴奋，他在自己的著作《可计算性与不可解性》中写道："我一生最大的快乐之一，就是1979年2月读到马蒂亚塞维奇的信。"

生命的高度取决于一个人的气度。古人谈论气度，常说大者有"王者气度"，小者则是"小肚鸡肠"。齐桓公不计"一箭之仇"，把国政交给曾是仇敌的管仲处理，有王者的气度；齐国在管仲的治理之下，成了春秋时期第一个超级大国；魏征在"玄武门之变"之前，多次劝太子李建成把李世民除掉，李世民在当上皇帝以后却重用魏征，接受了他一百余次的上谏，开创了"贞观之治"的大唐盛世。

一个人如果没有气度，就很容易走向气度的反面—仇恨和嫉妒，也就是睚眦必报和小肚鸡肠，遇事钻牛角尖儿。善妒的人通常有两种表现方式：一方面哀切自己多么的不幸，另一方面憎恨他人的幸福。如果说气度是命运，那么嫉妒便是命运的奴隶，最后酿成作茧自缚的悲剧。

没有气度便沦为命运的奴隶

战国时期，庞涓因嫉妒而陷害孙膑，就是一例。秦国的丞相李斯也是这样的人。秦王嬴政读过韩非子的书以后，为了得到这个人才，不惜发动战争，打败韩国以后，逼迫韩国把韩非子送给秦国。但是，李斯是韩非子的同窗，他非常了解韩非子的才能是超过自己的，他担心韩非子受到重用以后，会威胁到他丞相的位置，就设计害死了韩非子。当然，庞涓和李斯都没有落得什么好下场，庞涓自杀而亡，李斯被赵高害死。

气度就像是一种高营养成分，拥有气度，就拥有了高品质高层次的人格。上天赐予每一个胜者非凡的气度，赐予气度非凡者以胜利。

气度是昂首挺胸，独立寒冬，面对漫天大雪而岿然不动的英雄豪情；是酷暑三伏，雷雨交加，坐于书房中面不改色，挥笔题书的那份悠然宁静。

气度决定了生命的高度、意义和价值。活着就不要让人生那么乏味、无聊。对于男人来说，气度就是拿出自己的志气来，豪情远志洒春秋；拿出自己的勇气来，敢做敢当；拿出自己的血气来，好男血气似海流，不上苍山不回头；拿出自己的胆气来，与有肝胆人共事，从无字句处读书。对于女子来说，则要发散出自己的灵气来，玲珑剔透，为人赏识；展示出自己的秀气来，让人耳目一新，为之欣然；酝酿出自己的静气来，像花儿一样，芳香四溢，回味悠长；修炼出自己的柔气，柔情似水，以柔克刚。

活着，一定要有气度，这不仅是一种涵养，也是一种标识。在与人交往中，为人所看中的第一要素即是气度。修炼人生，展示自己活着的气度，让生命更有意义。

第4章

在窘境中甘之如饴，保持积极的心态

对于一个人来说，快乐地活着就是成功的人生，所以谁都渴望自己拥有更多的快乐。能够决定你是否快乐的就是你自己的心态，调整好了心态，选择了快乐，自然也就拥有了快乐！相信你最终能够找到属于自己的快乐。

第一节　让快乐当家

保持内心的一份平静

不知你是否有这样的感觉，随着时代的发展和科技的进步，我们快乐的笑声变少了，取而代之是长久的沉默和冷漠。社会上各种意识形态的畸形变化发展折射出我们社会的千百现状，而我们传统意义上的快乐也已经变了味。

金榜题名的快乐转眼被就业的压力所覆盖，享受爱情的快乐被婚房、婚车所剥夺，他乡遇故知的快乐远不及网络上陌生人的调笑。久旱逢甘霖的快乐也消失了，甘霖对都市人来说，只有出行的不便和交通拥堵……传统意义上的快乐——"睡觉睡到自然醒，数钱数到手抽筋"的美好愿景也距我们渐行渐远。只有不停地忙碌奔波，来不及停下来想想，歇一歇。

自然，对自由和财富的追求无可厚非，只是在追寻的道路上两者常常分道扬镳。追求自由的，通常向往那种说走就走的旅行，向往用一套房子的钱去周游世界的人生，希望轻松愉快的一圈游历下来，世界观变了，但更加现实的是，有可能一场羡慕的旅行结束后，回到原点，当发现自己没有金钱只有经历，没有世界只有世界观的时候，或许你的世界观就真的改变了。

追求财富的通常信奉"吃得苦中苦，方为人上人"的古训，以牺牲自我透支未来的方式，努力赚钱，期待到达富足的彼岸后有快乐的人生。香车宝马的生活是否能弥足精神上的空虚呢？似乎，在路上并没有风景，只有那首歌的基调一般的艰辛和隐忍。谈判桌旁的双方，开心地握手合作，内心却不停算计和提防。办公室里，白领看似干劲十足地加着班，却忍受着委屈和不甘。多少人心里明明不快，却依然艰难地走在这样的路上。路上的艰难是必然的，终点的快乐却是未知的。当你真的拥有了财富，或许你又会发愁怎么把账户里的大把钞票兑换成快乐。

有个让很多人津津乐道的故事，至今仍有现实的意义：

一个到海边度假的商人看到载着一个渔夫的小船靠岸。船里放着一些看起来很新鲜的大鱼，商人夸奖渔夫说他的鱼很大、很新鲜，并问他捕这些鱼要花多长时间。渔夫回答说："我才驾船出海几小时而已。"商人有点儿困惑地说："显然你捕鱼的功夫非常好，你为何不多捕一点儿呢？"渔夫笑了起来："我为什么要那么做呢？我需要多余的时间做点别的事。"商人又问："那多余的时间你用来做什么？"渔夫说："我想做什么就做什么。我跟孩子玩耍，陪老婆睡午觉，每晚到村里跟朋友喝喝小酒，唱唱歌。我的生活过得美满又充实。"商人嘲笑地说："哦，你实在是目光短浅。"他掏出名片："我能帮助你。依我的看法，你应该每天多花一点儿时间打鱼，用赚的钱换一条大一点儿的船。不出多久，你又可以卖掉大船，再买几艘船，最后你可以自己做生意。与其把鱼卖给中间人，不如直接卖给加工厂，最后你可以自己开罐头厂。这样，你就能控制产品的生产和销售。在那时你可以完全掌握成功且不断扩大你的生意。"商人说得有点儿上气不接下气，他稍微停顿一下，等着渔夫对他的意见表示采纳和感激。渔夫思考了一会说："先生，这要花多久时间呢？""大概……15到20年吧。""先生，这然后呢？"商人笑着说："问得好，当时机对了，我会很高兴给你建议，你可以把公司上市，然后出售你手上的股票，你就会变得很有钱。最后你会很有钱，选择一个你和家人想要的生活环境。比如说，你可以搬到你喜欢的小渔村住下。你爱做什么就做什么，你可以陪孩子玩，中午陪老婆睡觉，每晚到村里和朋友喝个小酒，唱唱歌，你可以有个美满又充实的生活。"渔夫歇了一会儿说："先生，谢谢你给我的建议，不过如果你不介意的话，我想我还是省下这15年，我现在不就在过这种美满又充实的生活了吗？"

并不是说我们做人就必须要安贫乐道，但对于青春、成长这些稍纵即逝的美好，我们可不可以有花开堪折直须折的紧迫与勇气。面对世界的变化，可否保持内心的平静与安宁，可否慢一点，再慢一点生活，不要那么急躁地去追赶别人的脚步。你也许会觉得这样的说法有些消极，生活的压力，社会的现实会让你明白，没有必要为了太多的利益计较而放弃了自己的快乐。给自己多一点的世界空间。静静感受你身边一寸光阴一寸金的变化流逝。别这么着急往前奔跑，慢一点生活。

找回快乐的心境

农村承载着都市人的向往，却承载不起那片土地上的主人的快乐。现在有多少人至今还在贫困线的边缘挣扎。面朝红土背靠青山的生活，难以维持生计，农村的青年人不知能否融入大城市，都不得不背井离乡，做一年一度迁徙的候鸟，往返于城乡之间。留守的孩子只有守望和不安。而这样的土地上人们心里想的是买一套大房子、一辆车子，当实现这样的愿望之后再去换一套更大的房子。物质文明的满足却照不亮人们内心的精神满足。空荡的房子有的只是冰冷的家具，找不到家的温暖。在过去生产队的年代，人们的生活虽然清贫，可是活得开心。吃穿用都很匮乏，却没有阻挡住他们的开心源泉。梦境中，"采菊东篱下，悠然见南山"的美好诗句所展现的生活只存在于诗歌里。现实的社会已找不到这样的心境了。看着孩子们沉沉的书包，厚厚的眼镜，大人们每天奔波疲惫的身影，生活里几乎少了最纯粹的快乐。

没有人想拒绝快乐，而是现实让我们无可奈何。想拥有一套面朝大海的房子，房价高涨，大概连首付都凑不齐。想安心喝杯牛奶，三聚氰胺来袭。想给孩子一个欢乐的童年，虐童事件发生了。这个世界究竟是怎么了？我们都在用各自的方式寻找快乐，可我们的快乐是那么的昂贵。即使得到了快乐，也只是快餐式的速食快乐。工业化生产下的快乐像一颗速效药丸，药效过去，不是依赖，就是更加沉沦的迷失。世界变了，我们的心也随着变了。变得势利，变得失去自我，变得心态不平衡了。或许只要心境一转，快乐便随后而至。

对于一个人来说，快乐地活着就是成功的人生，所以谁都渴望自己拥有更多的快乐，然而快乐却不是人人都能拥有的，于是有的人开始怨天尤人，怪上天不照顾自己，怪命途多舛，抱怨事业不顺、同事不和……其实这些都不是不快乐的决定因素，真正决定快乐与否的只会是自己！

快乐其实是一种心境，一种精神状态。快乐发自于内心，可以试着创造一种"我很快乐"的心境，大多数人要多快乐，就会有多快乐。怎样才能使我们获得快乐呢？

◇微笑

如果你一直让自己的情绪处于低落的状态，比如肩膀下垂，走起路来双腿像是有千斤重似的，那么你就真会觉得情绪很差。要是摆出一脸哭相，就没有人会愿意理睬你。那么要怎样改变呢？非常简单，只需要深吸口气，抬起头来挺起胸，脸上露出微笑，并摆出生龙活虎的架势就行了。微笑和打哈欠一样是会传染的，如果你真诚地对一个人展颜而笑，他实在无法对你生气。

◇放松

快乐的人总是这样对自己说："我觉得快乐，我会在各方面变得越来越好，我会越来越快乐。"反复地对自己说一些话，如"我很放松"、"我很平静"等等，时间久了这些话就会进入你的潜意识中。

◇忆趣

现在，我们一起来尝试一下幻想愉快的心理图像。首先，放松下巴，抬起脸颊，张开嘴唇，向上翘起你的嘴角，对自己说"回忆一些有趣的事"。把快乐图像化，像一部电视剧一样在自己脑海中播放，这就是愉快的心理图像法。

◇大声讲话

被压抑的人说话声音明显地细小，表现得自信心不足，一点也不快乐。所以要尽量提高你的音量，但不需要对别人大声喊叫。只要有意识地使声音比平时稍大就行。

◇抬头挺胸

只要仔细观察就会发现，那些遭受打击、被别人排斥的人走路都拖拉懒散，显得很邋遢，完全没有自信。另一种人则表现出超凡的信心，他们走起路来比一般人快，像是在短跑。抬头挺胸走快一点，将会感到快乐在滋长。

◇利用自己的优点

如果有人告诉你："你在电话里很会说话。"你认为这没什么了不起。可是要知道，有许多人都觉得这么做非常困难，所以这的确是值得骄傲的优点。快乐的来源是发现并利用你真正的优点，这使你的自我意识变得更加美好，你也就愈快乐。

◇分享

一个人问上帝："为什么天堂里的人快乐，而地狱里的人却不呢？"于是上帝带他来到地狱，他看到许多人围坐在一口大锅前，锅里煮着美味的食物，可每个人都又饿又失望，因为他们手里的勺子太长，没法把食物送到自己口中。接着，他们又来到天堂，这里的勺子也很长，可是人们用勺子把食物送到了别人的嘴里。与别人分享快乐可以使快乐长存。

◇感恩

如果能学会心怀感激，就会减少很多愤怒。只有心怀感激，才能真正的快乐起来；假如一个人就只有怨愤，心情自然好不起来。有一句话说得好："思之而存感谢。"感恩的心为你开创快乐的奇迹。

当然上面所说的这些并不是一下子就能做到的，可以慢慢来，慢慢地就能做到。因为能够决定你是否快乐的就是你自己的心态，调整好了心态，选择了快乐，自然也就拥有了快乐！相信你最终能够找到属于自己的快乐。

第二节　低姿态的美丽

人生在世少不了求人办事的时候。要想把事情办成就要了解办事的技巧，学会在适合的时候，保持适当的低姿态，这绝不是懦弱的表现，而是一种智慧。"万事不求人"只能表示你内心的脆弱，你求人帮助是展现低姿态，只是为了让对方明白，在这件事情上，你的实力不如对方，你需要对方的帮助。寸有所长，尺有所短，世上万物都有这样的共性。作为人，也不例外。生活中向人示弱，叫作小忍而不乱大谋；工作中向人示弱，叫作以收敛触角并蓄势待发。强者示弱，是为了展示自己的博大胸襟；弱者示弱，可以让自己变得愈发强大，在变得强大之前，示弱可以让你免受敌人的伤害。

当你遇到一个低于你身高的门的时候，你昂首挺胸地走过去，必然会给脑袋碰出个包来，明智的做法只能是弯下腰，低下头，让这道门显得比你高就可以了。在社会中向人低头，有时是你的生活方式和工作方式中的一种。实际上，你以低姿态出现只是种表象，是为了让对方从心理上感到一种满足，使他愿意与你合作。该示弱时就示弱，调整下目标，转变下思路，就能巧妙地穿过人生荆棘，出现柳暗花明又一村的无限风光。"有架子的是残疾人，没架子的是正常人。"这种说法第一次听会觉得新鲜，之后不禁发出会心一笑。架子在字典里的解释是用以表现、抬高自己的一种虚骄姿态，对此我们应该并不感到陌生。摆架子，端架子，臭架子，"驴死了架子不倒"就反映了人们对这种行为的鄙视。

摆架子摆到丢了命

把架子摆得极不可理喻的，是战国时期的亡国之君齐王田建。这个人在仓皇中逃到卫国，卫国以用最高的礼节接待他，他还不满足，大发脾气，卫国只好让他走人。逃到鲁国，恰好赶上办丧事，他非要以天子之礼吊唁，鲁国也把这个不知趣的家伙赶出去了。田建继续逃，一路逃一路大摆架子，谁也不欢迎他，像丧家之犬似的又逃回齐国莒城，可他还是没能收敛，在援齐的楚国大将淖齿面前大摆架，最后被淖齿吊在房梁上剥皮抽筋。

摆架子摆得丢了命，田建是个极端的例子，所以摆架子的坏处是显而易见的。你是平民百姓，便遭人厌，讨人憎，没有朋友；你是丈夫，便无法与妻子沟通，品尝不到爱情的甜蜜；做商人，便会吓跑客户，生意不会兴隆；你是领导干部，老百姓会对你敬而远之，你便不会有好的群众关系。架子大的人，一般来说，不会取得成功。

放下架子就是智慧

有一个人，当过县委书记，官职虽然不大，但在当地还算是有头有脸、有权有势的人物。他退休之后，没有一点失落感，整天乐呵呵的，做点力所能及的工作，时常和街坊邻居、工人农民聊天，为他们排忧解难，生活非常充实，精神非常愉快。和他住在同一个胡同的几个下岗职工，生活得很穷、很艰难，他就给他们当参谋，建议他们做酿皮卖。然而酿皮做好了，那几个人却放不下架子，不敢上街吆喝。这位退下来的县委书记了解情况之后，便主动跑来帮助他们，放开嗓子带头吆喝，那几个人也跟着吆喝起来，结果生意做得红红火火。大家深有感触地说："什么都值钱，唯有架子不值钱。"

放下架子就是智慧，放下架子就多了欢乐，放下架子就多了财富。什么是架子？架子其实就是虚荣心的反射，一种自高自大、装腔作势的作风，一种无形的精神枷锁。俗话说："骡马架大了能驾辕，人架子大了不值钱。"人们还把架子戏称为"臭架子"，可见人们对其厌恶之深。常听人们说"某某人没架子"，这是对个人发自内心的夸奖。尤其是那些有权势有地位的人，念念不忘自己的"身份"，总是放不下架子，习惯了摆谱，以为那样能显示自己的"身价"和"威风"，结果摆来摆去，反倒让人反感，厌恶他们的虚伪和浅薄。从一定意义上说，放下架子，就是自己解放自己，就能放下包袱，轻装前进。一个人真正放下了架子，就会真正正视现实，在人生道路上就能多几分清醒，就能带来缘分，带来机会，带来幸福。

放低姿态，开创人生

香港的亿万富翁余彭年，在26岁的时候曾经怀揣着对梦想和人生的渴求，离开老家湖南来到香港闯荡，但由于人生地不熟，既没任何背景又听不懂广东话，屡屡碰壁让他心灰意冷。这时他已经身无分文，只得放低自己的姿态，在一家公司找了一份勤杂工的工作。那是一份薪水极低的工作，而每天要做的工作只是周而复始的扫地、清洗厕所等等。虽然这是一件卑微的工作，但余彭年知道想要获得成功，必须有一段低头的日子，于是他专注于这份工作。经过半年的辛勤劳动，他被老板提升为办公室的一名员工。此后，他不断被提升。再后来又创立了自己的公司，生意越做越大，成为有名的亿万富翁。

面对人生的小门，不该一味地昂首阔步，而应该学会躬下自己的腰，俯下自己的身体，低下自己的头。当今社会复杂，许多初涉世事的年轻人往往个性张扬，对自我认识不足，所以四处碰壁，经常遇上不顺之事。比尔·盖茨曾经给年轻人这么一条忠告："卖汉堡不会有损于你的尊严。"同样，放下你原有的架子也不会损害你现在的面子，反而有助于你将来的日子。放低姿态，重新审视一遍自己，你会发现自己渺小的可怜。

大丈夫能屈能伸。"汉初三杰"之一的韩信，为了自己的抱负，能忍受胯下之辱，气量绝非一般。可见想成就一番伟业，得先从放低姿态开始。

有一位商人，和朋友一起跑到大西北，准备投资建设一条生产石板材的生产线。可是到了那里一看，虽然有大好的石矿资源，但是市场并不可观。因为大西北经济发展水平低，居民们的家庭装潢很少用价格昂贵的花岗岩。商人在那里考察了一段时间，觉得这不是自己大干一场的地方，他放弃了自己最初的想法，回到东南沿海去了。他的朋友却看中这里丰富的石矿资源，和当地人办起了轧石厂，这些石子只能用来给附近的农民造屋和铺路用。商人劝告朋友，这不是赚钱之道，这是在浪费时间和精力。如果在别的地方搞一个项目，只要适销对路，不出几年就可以收回投资，实现盈利。朋友没有听从商人的劝告，努力办好他的轧石厂。几年后，开发大西北的号角吹响了。他的轧石厂有了新机器，因为开发大西北必须加大基础设施建设，碎石成了抢手货。商人闻讯后赶到西北，他和当地政府谈判，他想投资建设一家大型的轧石厂并洽谈建设板材生产线的计划。然而，商人被告知，他的朋友已把合作意向书交到了政府有关部门，已经审批立项了。如今，商人的朋友已是一家大型建材公司的总裁，资产逾亿元。没有人会想到一个轧石厂的老板在短短几年内会成为一家大企业的老总。

如果当年上任的朋友不以低姿态在贫困的大西北待下来，而转走他方，他就不可能有现在的成就。一个人要想成功，以高姿态来要求，在这个竞争激烈的社会中，就很难会抓到成功的机遇。但如果你换一种方式，以低姿态进入，你就会发现隐藏着的希望，就像地底涌动的岩浆。

第三节　知足才能常乐

不要因为欲望丢失了自己

有的事，就是有再多的激情，一次已经饱和。生命承受不起太多的温暖，太深的感激，太强烈的热情。人生旅途中有太多美丽的风景，两岸碧天青草农屋，彼岸玫瑰娇艳芬芳，移开眼一瞬间已是割舍不了，屏住呼吸也不能阻止脑海里的美好遐想，如何做到看不见，闻不见，怎样做到舍船以外无他物？于是左顾右盼，生怕漏了任何一个细节，要看尽每一寸的容颜才甘心，却因此驾不住船，跌入河流中翻腾最后消失不见。

知足，它就像一阵清风，能吹走你的烦恼，捎来一份安慰；它像一场细雨，洗去你的苦闷，给你清爽满怀；它像一朵彩云，赠你美丽心情。知足更似一名智者，教你怎样在不利环境中坦然处之，教你怎样运筹帷幄且在情理之中，给你的生命铺满底色，散发魅力的光华。知足者对于"我是最优秀的"另有一番体会。拥有知足的心态，并不是放下理想的追求，相反，它才是更高追求所在。看不尽世界道不破红尘的我们何不知足常乐，活得逍遥自在。

"知足常乐"出自《老子》："祸莫大于不知足，咎莫大于欲得，故知足常乐矣。知足不辱，知止不殆，可以长久。"《汉语成语词典》解释"知足常乐"意为知道满足就会经常快乐，还常用以劝人勿追求宝贵、享乐等。所谓知足，就是一种平和的境界；所谓常乐，是一种豁达的人生态度。知足者常乐，并不是要人安于现状，不思进取，而是对现有收获的充分珍惜，对目前成果的充分享受，也是对现有潜力的充分发掘。肯定目前的状态，并能始终保持精神上的愉快和情绪上的安定。奢者富而不知足，而俭者贫而有余。奢侈的人就算富甲天下，也不会满足，怎能比得上知足节俭的人，虽然一贫如洗，但快乐美满。不知足的人要的东西太多，因为始终觉得自己不如别人。去追求别人所拥有的东西，怎么会快乐呢？知足的人们不会把心挂在追求上。欲望是无法满足的，真正的快乐从心里开始。一颗喜悦的心随遇而安，不因为别人拥有而羡慕，因为自己早已经拥有。

随着整个社会物质财富的不断积累，现实生活中人们所面对的诱惑越来越多，而且是挡不住的诱惑。从街头眼花缭乱的广告到影视情节中令人怦然心动的物质生活；从别墅洋房到高档轿车；从琳琅满目的各式商品，到应接不暇的家用电器；从品牌繁多的高档时装到林林总总的美食佳肴；从宾馆到饭店，从酒吧到歌厅……因此，现实生活中，就应该学会如何让自己懂得知足，学会让自己保持好平和的心态。说得通俗一点，就是要找到一种适合自己的心理安慰与精神寄托，端正自己的人生态度，摆正自己与现实的关系。

通常一提到知足常乐，或许即刻会遭一些人的讥讽或是不屑一顾，确实，这个话题不但久违，而且还显得老土和不讨人喜欢。特别对于年轻的一代而言，他们的字典里似乎就没有"知足"这个词。但不论如何，"知足常乐"虽然久违，但并不过时。在当今这个纷繁复杂、光怪陆离的经济社会更具有现实的警示意义和疏导作用。知足，并非让人胸无大志、别无所求，更没有鼓励好逸恶劳、不思进取甚至甘当社会寄生虫之意，而是让人们放下不切实的幻想，以自己所能及劳动所得，最大限度地享受幸福人生。只是前提必须把握好一个"度"，一旦超出国家及社会赋予个人所必须遵守的法律法规及道德底线，就过"度"了，就需要为此承担由此带来的一切后果及责任。

知道满足，常常快乐

曾经一个大财主有着万贯家财，雇了几十个账房先生管理，依然忙不过来。虽然拥有这么多财产，这位财主却是每天寝食不安，愁眉不展。而他隔壁有一对穷夫妇，靠做豆腐过日子，虽然家境贫寒，老夫妇俩每天从早到晚，有唱有笑，做豆腐、卖豆腐，过得十分快乐。富人觉得很奇怪，便问一位账房先生。那位账房先生回答说："老爷，你要想让他们不快乐，隔墙扔几锭银子过去，就行了。"于是，富人趁夜黑无人，将50两银子扔进了隔壁的豆腐店，卖豆腐的老夫妇俩拾到了这笔从天而降的财产，欣喜若狂，于是商量着怎么藏银子，又要考虑怎么花，又要担心别人偷……搞得他们吃不下饭、睡不着觉，日夜不安。隔壁的富人自此再也听不到那往日的歌声、笑声，这时才恍然大悟："原来我不快乐的原因，就是这些银钱啊！"

其实，人不论怎样活，都是一辈子。不论生前贫穷还是富有，高贵还是卑贱，到头来都是黄土一抔。虽然这个比喻有点"凄惨"，但仔细一想，确实如此。所以，知足常乐、随遇而安、脚踏实地才是立足社会的人生法宝。曾几何时的我们，尽管没有肯德基，却会为吃到一碗红烧肉而欢呼雀跃；尽管没有私家车，却会为拥有一辆飞鸽牌自行车而激动不已；尽管没有别墅、豪宅，却会为蜗居的陋室空巷中那卖叮叮糖的叫卖声而不离不弃；尽管没有电脑和数码相机，却会为拥有一辆自制滑轮车或一个铁环而绕世界体验快乐的喜悦。现实中，幸福的含义和真谛究竟是什么？有人说，人生就是要追求自由和快乐。或许，说这话的人没有多么崇高的追求，可又无法否认人对快乐的渴望与追求。每个人的内心都是渴望快乐的，没有人希望自己生活在叹息和泪水中。那么怎样才能获得快乐呢？古人告诉我们："知足常乐。"

知足常乐强调的是一种心态。长途跋涉时，让你痛苦的往往不是坎坷的旅途，而是你鞋子里的那一粒沙。人生也是这样，打败你的或许不是外部恶劣的条件，而是你内心的恐惧与忧虑。四面楚歌，令西楚霸王溃不成军；空城楼上弹奏一曲，令司马懿自动退兵；这些何尝不是利用了心理战术？所以心态对一个人行动的影响是不容忽视的。而知足常乐无疑是心灵的一剂良药，帮助我们在纷繁芜杂的生活中养成一个良好的心理状态，对外部的风云变化泰然处之。同时知足常乐也并不代表夜郎自大、裹足不前。知足，知现在所得已经足矣，但对将来所求还是不足的。这样，以一颗平常心去对待现在的处境，而用进取的心去开创未来。因为知足，就没有了患得患失的心理，轻装上阵自然如鱼得水。所以，知今日已有之足不是放弃追求，而是对自己过去努力的肯定，为下一次的努力提供一个良好的心理状态。

常人的心中都会有一些贪念，"世上无如人欲险，几人到此误平生"。简简单单的一个贪字，留下了多少心酸旧事。因为贪，为官者不顾人民疾苦；因为贪，为商者见利忘义；因为贪，夫妻可以为财反目。可悲的是欲望永远没有尽头，无穷无尽的追求也许可以带给你物质的充裕，却无法带给你精神上的平静。没有了心灵的平静，纵使能享受一时的欢愉，又怎么能获得长久的快乐呢？另一方面，人力是有限的，"火可灭，不可使之寒；冰可消，不可使之热"。人面对很多事都是无能为力的，如果再三苦苦执着，于事是过犹不及，于己是徒添烦劳。事已过，知足。知足心就静，心静自然乐在其中。"广厦千间，夜眠不过七尺；良田万顷，日食仅为升斗。"人生最终的目的在于以生为乐，知生存之足，知已有之足，常怀一颗知足之心，无非分之念，无奢求之意，人生便时时处处欢乐不断。

是谁把"知足常乐"这四个字深深镌刻在苍穹上，让每一个人都看见？又是谁偷偷把这四个字撞击产生的巨大声音掩盖，成为人们庞大记忆流中被忽略的一隅？知足常乐，我们知道它们每一个个体的意思，却无法诠释它们相聚时绽放的灿烂光彩，知道、满足、常常、快乐—知道满足，常常快乐。上天有时会玩味地给你关上那道你千般努力终于快要碰触的门，却又在另一个你视线达不到的地方开一扇窗，每一滴从你脸颊上徐徐滚落的泪水都会是他最大的慰藉。他冷眼看着你在那个黑暗的空间里不断碰壁不断跌倒，然后等你慢慢地站起来，你灵魂里那些阴暗，那些贪婪渐渐觉醒，你逐渐变得想要掠取一切，想要站在所有伤害你的人之上，于是，你便再也听不到知足常乐那温婉柔和的声音。知足常乐，知道自己拥有的，满足握在自己手中的，你就会快乐。当你拥抱温暖的阳光时，就该明白，彼岸再繁华，也不过是海市蜃楼。

第四节　时刻保持清醒的头脑

　　人活在世界上，都希望自己不稀里糊涂的生活，始终保持清醒的头脑。可是说说容易，做起来并不简单。所说的清醒就是一个人的主观认识与客观实际比较接近，对自己的评估比较中肯，对他人的看法比较公正，对社会的认识比较客观。

　　我们一般更倾向于赞赏那些在逆境中成才的人，是因为他们有一种激励、警示作用，会让我们产生比较联想，在那样的环境中都能大有作为，拥有优越的条件，是不是可以做得更好呢？可现实的情况却是优越的条件反而难以造就人才，岂非怪哉？条件好了，一切都那么优越。可我们却发现我们身边的人越来越平庸，每天庸庸碌碌地活着。过了四十，就自叹老去，头枕岁月等待日落西山。而年轻人则更加令人担忧，上学的不肯读书，工作的不愿吃苦，未成家的饱食终日无所用心，成家的没有责任感，缺少担当的勇气。没有饭吃，没有钱花，没有房住，没有车开，都可以理直气壮地朝父母伸手，"扎扎实实"地"啃老"而毫无愧疚之心。作为父母的一边无可奈何唉声叹气，一边又颤颤巍巍地把毕生积蓄补贴给儿女，却不肯忍痛斩断他们的"财路"，眼看着儿女们越来越平庸甚至沦落为游手好闲之徒。

梨虽无主，我心有主

元代有一位学者，名叫许衡。有一天许衡外出，因为天气炎热，口渴得不得了。这时，他看到路边有一棵梨树，路过的人都纷纷过去摘梨，只有他不为所动。便有人问他："为什么不摘梨来解渴呢？"他回答说："不是自己的梨，怎么能乱摘！"那人笑他迂腐，说："世道这么乱，你还管这梨是谁的呢？"许衡正色道："梨虽无主，我心有主！"

"梨虽无主，我心有主！"这种准则何止是一种清醒！国家也好，个人也好，如果不能时常提醒自己，就会在贪图享乐中迷失自我，逐渐消沉。由平凡逐渐沦为平庸，最终一事无成。

清醒地认识自己

在18世纪末的时候，维也纳是音乐气氛最浓的城市。在显赫贵族的客厅里，音乐表演成了一件高雅和时髦的事。贝多芬经常处于贵族及拥有各种头衔人物的包围之中，然而他总是高高昂起他那狮子般粗犷的大头颅，从不向任何人献媚。

有一次，在利西诺夫斯基公爵的庄园里，几位"尊贵"的客人到访。这几个不是别人，正是侵占了维也纳的拿破仑军官。公爵为了取悦这几位"贵客"，便非常客气地请求贝多芬为客人们演奏一曲，可贝多芬立即拒绝了。当公爵由请求转为命令的时候，贝多芬愤怒到了极点。他一声不响，猛地推开客厅的门，冒着倾盆大雨，愤然离去。

回到住所，他把利西诺夫斯基公爵给他的胸像摔了个粉碎，并写了一封信："公爵，你之所以成为一个公爵，不过是由于偶然的出身；而我之所以成为贝多芬，完全是靠我自己。公爵现在有的是，将来也有的是，而贝多芬只有一个。"

这种清醒是何等的可贵！人在胜利时、得意时、顺利时、发财时、取得一定进步时，比较容易飘飘然；而在倒霉时、生病时、人生低谷时、遭受挫折时，又容易萎靡不振。很多时候我们都提醒自己，面对顺境要保持清醒，其实面对逆境也需要保持清醒。

面对挫折，有人心灰意冷，抱怨社会，哀叹自己生不逢时；抱怨他人没有在关键时刻拉自己一把；抱怨机遇，在没有准备好时来了。常看见有人狠拍自己的大腿，抱怨着当初怎样怎样就好了。其实，生活中，有谁没遇到过挫折？关键是怎样面对他，找出问题产生的原因和差距，弥补不足，才是上策。不能稀里糊涂的，下次还犯同样的错误。

1775 年 6 月，美国独立战争爆发几星期后，乔治·华盛顿被约翰·亚当斯提名为大陆军总司令的候选人。随后，大陆议会一致投票赞成亚当斯的提名。然而，当时年仅 34 岁的华盛顿"眼睛闪烁着泪花"，对人们说了这样一句话："这将成为我的声誉日益下降的开始"。

"这将成为我的声誉日益下降的开始。"这种认识难道说不是一种清醒？面对逆境的时候需要保持清醒。鲜花、美酒和掌声常常属于胜利者、成功者，这是人之常情，"人生得意须尽欢"。我们给予胜利者的也该是祝贺的心情和掌声，而不是不屑一顾或者吹毛求疵。虽然也有同样付出的人没有得到同样的荣誉，但是他们也属于这一群体的一分子。绝大多数的人不是为了出名和谋利而积极努力工作，而是出于责任心、出于上进心、出于实现个人价值的需要。有了这样清醒的认识，虽成为芸芸众生中脚步匆匆的人，但可以享受自己的平静生活。

面对大病时需保持清醒。有的人在健康时往往争名夺利、争权夺势，在大病面前才认识到钱财是身外之物，只有自己是可怜的病人，于是抑郁烦躁。而有的人虽患大病依然热爱生活，依然关心他人，保持快乐的心情，这样的人令人钦佩。健康的身体伴着健康的心理，不失为生活的最高境界。

清醒，清醒，说起来容易，可做起来却是难上加难。在名利的诱惑面前，能不能保持头脑的清醒呢？在困难和压力面前，能否守住一颗清醒的心灵？至少我们应该问一问自己：是否缺乏这种清醒的信心？曾有人说过这样一句话："清醒是一种责任！"那我们不妨就尽一尽这种责任。

不能有丝毫的麻木

汤姆在车祸中受伤，在他被送进附近高速公路的乡村医院时，已经生命垂危了。医生在迅速查看孩子的伤情后，说："孩子颅内大出血，要尽快动手术。"说完就开始叹气，因为当时医院里根本没有主刀大夫，可最近医院的医生最快赶来也需要4个小时。雪上加霜的是，医院连普通的强心药品都没有。汤姆处于极度昏迷状态，随时都可能因中枢神经失去知觉而使心脏停止跳动！这时，汤姆的父母非常沉着地告诉医生："我们的孩子很勇敢，一定可以坚持到主刀大夫赶来！"

漫长的4个小时过去了，主刀大夫终于赶到医院，成功地为汤姆动了手术。1个月后，汤姆居然死里逃生般地清醒过来，在场所有的医护人员都为之惊讶：这真是一个奇迹！汤姆靠什么撑过了那休克状态的5个小时？这时候，汤姆逊的父母早已经泪流满面。原来，在没有任何药品辅助救援的情况下，每当心电图屏幕显示汤姆的心跳变弱时，做裁缝的母亲就狠下心拿起一根针，用力地扎向儿子的身体，来激活汤姆逐渐休克的中枢神经，让他的心跳一次又一次恢复。看似残酷的方法，却成功地帮儿子度过了生死攸关的4个小时。汤姆的父母说："我们的孩子需要的就是随时保持清醒，不能有丝毫的麻木。"

由于保持着清醒，汤姆成功挣脱了死神的魔爪，创造了医学上的奇迹。实际上，在人生的旅途中，时刻保持清醒的头脑，是十分必要的。因为清醒，你不会迷失前进的方向；因为清醒，你不会盲目地随波逐流；因为清醒，你不会过多地抱怨不如意的事情；因为清醒，你知道应该珍视什么，应该放弃什么……生活中，我们往往由于疏忽和麻木，让自己功亏一篑。这时，如果感到自己的心灵开始麻木颓迷，就要毫不犹豫地把那支缝衣针扎向最痛的地方。

人生的悲剧，往往是该清醒的时候糊涂了。清醒需要阅历的积累，希望积累的时间短一点，清醒需要理智，希望我们能少走弯路，多走上坡路。

在任何环境、任何情形之下，保持一个清楚的头脑。在别人失掉镇静时，保持镇静；在旁人都在做愚蠢可笑的事时，仍保持正确的判断，能够照这样去做的人，总是具有很强的稳定力，这样的人是一种平衡而能自制的人。

容易犯糊涂的人，一遇到突发的变故，或者一承受到巨大的压力，就会变得惊慌失措，这样的人属于弱者，是无法付之重任的。清醒的人，是在旁人束手无策的时候知道该怎么办的人，是旁人混乱时仍然镇静的人，是大责任压在肩上、大压力加在身上，也不会慌张混乱的人。这样头脑清醒的人，才会走到哪都受人欢迎，被人重视。

在很多单位里，员工当中的某个人，在各方面的能力或许还不如其他的同事，但反而会突然升上重要的位置。因为老板的眼光，并不只注重员工的才华，更注重头脑清醒、理智健全、判断力精准的人。他需要的是脑筋清楚，实事求是、不仅能有想法，而且能真正做事的人，因而他往往会忽略那些拥有高学历或特殊才华而清醒的人。他明白，要让公司健康稳定的发展，就在于拥有正确的判断力，有清醒头脑的职员。

头脑清醒、头脑平衡的人的特点，就是他不会因为环境情形的改变而有所原则性的改变。金钱上的损失，事业的挫败，忧愁、艰难都不会让他乱了方寸。因为他是执着而清醒的。他也不会因为自己小有成就，而被一时的胜利冲昏了头脑。

第五节　消极是比困难更棘手的敌人

我们最可怕的敌人，不是困难，而是对一切事情的消极心理。这种消极一旦进驻到我们的灵魂，就会成为我们的思维方式和生活方式。如果养成了消极的习惯，我们就会经常情不自禁，甚至无法克制地用这样的方式待人接物却不自知。

思想从本质上来说是一种高级的精神活动，它让人类本身具备了一种超乎想象的创造力。这种创造力是所有思想的共同作用的结果，并不只限于部分的思想。所以，当我们把自己安置在"拒绝、否定"的心理过程当中，就必然会给我们带来更多消极因素的引导和影响。

当我们面对令人哀叹、失望的情形时，事物本身并不会因为我们始终沉浸于其中而有任何的变化。举例来说，当一棵大树被连根拔起的时候，或许能保持一段时间的葱绿，可最后还是会慢慢枯萎死去。其实，人的思想也是如此，想要彻底告别这种思想情绪，就必须真正地从消极的或负面的情绪中将自己解脱出来。

有这样一个大家耳熟能详的故事：

"触霉头"的棺材

有两个秀才做伴，一同去上京赶考。路上他们遇到了一支出殡的队伍，亲眼见到那一口黑乎乎的棺材从身旁经过。其中一个秀才心里即刻"咯噔"了一下，凉了半截，心想：完了，太倒霉了，赶考的日子居然碰到这个触霉头的棺材。于是，他的心情一落千丈，走进考场，那个"黑乎乎的棺材"一直在脑海里挥之不去，结果文思枯竭，果然名落孙山。另外一个秀才也看到了棺材，一开始心里也"咯噔"了一下，但转念一想：棺材，棺材，啊！那岂不是有"官"又有"财"吗？太棒了！好兆头，看来今天我要鸿运当头了，一定高中！于是心里十分兴奋，情绪高涨，走进考场，文思如泉涌，果然一举高中。回到家里，两人都对家人说：那口"棺材"真的好灵。

第一个秀才之所以落得个名落孙山的下场，是因为他在考场上文思枯竭，而文思枯竭是因为心情不好，心情不好又是因为他看到令他感到

"触霉头"的棺材。另一个秀才之所以能够高中，是因为他考场上文思泉涌，而文思泉涌是因为情绪高涨，情绪高涨又是因为看到令他觉得是"好兆头"的棺材。现实生活中，有人会因为伤心失望而跳楼，也有人会因为走出了伤心和失望而成就一番更大的事业；有人会因为对手强大而感到恐惧，也有人会因为挑战巨人而使自己迅速成为巨人；有人会因为卖不出去产品而抱怨产品、埋怨公司、憎恨客户，也有人因为卖不出去产品而创造出大受市场欢迎的新产品与新服务；有人会因为承受不了上司的严厉要求而选择跳槽走人，也有人会积极配合上司而让自己能胜任更复杂的工作，从而得到更高的职位。

杞人忧天

从前，在杞国有一个胆子特别小且有点神经质的人，他常会想到一些奇奇怪怪的问题，让别人觉得莫名其妙。有一天，他吃完晚饭以后，拿了一把大蒲扇，坐在门前乘凉，并且自言自语地说："如果有一天，天塌了下来，那可怎么办啊？我们岂不是无路可逃，而将活活地被压死，这不就太悲惨了吗？"从此以后，他几乎每天为这个问题忧愁、烦恼，朋友见他整天精神恍惚，面容憔悴，都非常担心他。可是，当大家知道原因后，都跑来劝他说："老弟啊！你何苦为这件事自寻烦恼呢？天怎么可能会塌下来呢？在说就算真的塌下来，那也不是你一个人担忧发愁就可以解决的啊，想开点儿吧！"然而，无论别人怎么说，他都不相信，还是时常为这个不必要的问题担忧。

后来，人们就把上面这个故事，引申成"杞人忧天"这句成语，它的主要意义在唤醒人们不要为一些不切实际的事情而忧愁，不要消极地看待人生。

对待同一个客观事物，你是怎样思考的，你就会产生怎样的看法；你有什么看法，就会得到相应的结果。对事物的看法，有积极与消极之分，而且每个人都会为自己的看法承担最后的结果。拥有消极思维的人，对事物永远都会找到消极的解释，并且总能为自己找到抱怨的借口，最终就会得到消极的结果。接下来，消极的结果又会逆向强化他消极的情绪，从而又使他成为更加消极的人。

积极工作，成就自己

齐瓦勃出生于美国的乡村，上学的时间很短，没有接受过系统的教育。15岁那年，家中清贫的他就到一个山村做了马夫。可是雄心勃勃的齐瓦勃每时每刻都在寻找着发展的机遇。三年后，齐瓦勃终于来到钢铁大王卡耐基所属的一个建筑工地打工。一走进建筑工地，齐瓦勃就打定了主意，要做同事中最优秀的人。当其他人在埋怨工作辛苦、薪水太低而怠工的时候，齐瓦勃却默默地积累着工作经验，并且开始自学建筑知识。

一天晚上，同伴们在闲聊，只有齐瓦勃躲在角落里看书。那天正好赶上公司经理到工地检查工作，经理看了看齐瓦勃手中的书，又翻开了他的笔记本看了看，什么也没说就走了。

第二天，公司经理把齐瓦勃叫到办公室，问："你为了什么要学那些东西呢？"齐瓦勃回答说："我觉得我们公司并不缺少打工的人，缺少的是既有工作经验，又有专业知识的技术人员或管理者，您觉得对吗？"经理点了点头。不久，齐瓦勃就被升任为技师。打工者中，有些人挖苦嘲讽齐瓦勃，他说："我不仅是在为老板打工，更不单单为了赚钱，我是在为自己的梦想打工，为自己的远大前程打工。我们只能在业绩中提升自己。我要让自己工作所产生的价值远远超过所得的薪水，只有这样我才能得到重用，才能获得机遇！"抱着这样的信念，齐瓦勃一步步升到了总工程师的职位上。25岁那年，齐瓦勃成为这家建筑公司的总经理。

齐瓦勃的经历清楚地表明，工作中最不应该有的态度就是消极怠工、得过且过，而是应该怀揣梦想，认识到要为自己的远大前途而奋斗，在工作中发展自己，成就自己！

消极的思想一旦形成，是不可能在短时间内被清除的。这是我们必须注意的，因为消极负面的环境和思想会给我们的一生带来不良的影响。所以，在思想上，我们必须做到清晰、明确、坚定、踏实，在确定之后就不要轻易去改变它。

当我们了解到消极思维的巨大作用，并希望通过有效的训练来改变我们的思维时，那么我们一定要排除种种杂念以及其他不良的干扰，目标明确，精神集中，在头脑中反复认真地思考自己所做的决定和事情。这样一来你将最终获得强大的力量。

精神训练。这种自发的训练可以更新转变我们的思想，我们能从这种转变中逐渐地体会到从心态到生活的全面更新，在这个过程中，我们收获的不仅仅是物质财富，更多的是对于整个身心健康的积极作用。

平和的心态。心态平和，会让我们的生活和工作变得更加顺利，也会让我们的人生境遇变得更加顺畅。外在的客观世界其实就是我们内心世界的反映，专注于"和谐"，也就是排除一切杂念，完全地、彻底地专注。除了"和谐"本身这一命题之外，在你的思维中没有任何额外的负担或难题。用诚恳和积极的心态来领会"和谐"的内在精神。真正人生的改变发生在你不断付出努力实践的过程之中，在学习中锻炼，在锻炼中体会。

所以，要改变消极的思维和态度，不仅仅要阅读有益的书籍或资料，更要行动起来，把消极这个敌人赶出自己的大脑，学会积极地生活。

第六节　积极行动，才有赢的可能

想用最快的速度成功地完成一件事情，最有效的办法就是让自己积极行动起来。如果你只是对整件事情反复计划，却不实施，那一切都会是空谈。无论在工作还是在生活当中，任何一个人都会有自己所要追求的目标，可一大部分人还是把时间放在设想上面，他们并没有真正行动。很显然想要达成自己的理想，只是设想而不行动是一件不可能的事情。

雄心壮志的年轻人

一个很有才华的年轻人，立志要成为大作家，他打算写一部有关爱情的小说，并且已经有了很好的构思。一年之后，朋友问他，小说写得怎样了？他说，那本书由于时间关系，还没有写。但他现在已经有了一个更好的构思，宣布要写另一部更有趣的书。

还有一个自信满满的年轻人，立志成为商人，他决定辞掉那份低薪的工作，去开一家小店，然后由小做大。一年后，他还在做那份薪水很低的工作，他的小店计划已经改为将来某个时候开一家大商场。一个充满野心的年轻人，立志成为政治家，他决定登门拜访新上任的领导。一年后，这位新领导变成了老领导，提拔到了其他岗位，因为这样或那样的不便，年轻人还没有登门拜访过一次。

你相信这几个年轻人能成为大作家、大商人或政治家吗？有人说，天下最悲哀的一句话就是："我早已想到了，就是没做。"比如："如果我几年前就开始那笔生意，早就发财了！""如果我早一点向她表白，她就不会变成别人的新娘。"有机会迟迟不见行动，事过境迁再来后悔，正是小人物的通病。

大人物都有一个好习惯：一旦做出决定，即刻就开始行动。因为拖延会产生许多负面的东西：惰性、猜忌、焦虑、自卑、恐惧……而行动中却能产生很多积极的东西：勇气、决心、自信、主动性、创意等。

推动自己的精神力量

有一个知名作家说到他的创作秘诀时，说："我有许多东西必须按时交稿，无论如何都不会等到有了灵感才去写。一定要想办法推动自己的精神力量。方法如下：我先定下心来坐好，拿一支铅笔乱画，想到什么就写什么，尽量放松。我先开始活动自己的手，用不了多久，还没等我注意到时，便已经文思泉涌了。当然有时候没有乱画也会突然心血来潮。但这些只能算是幸运而已，因为大部分的好构想是在进入正规工作情况以后得来的。"

实际上，天下任何事，都跟写一篇文章一样，积极行动才能达成结果。

保持乐观，积极行动

《塔木德》中有这样一则寓言故事：有三只青蛙同时掉进一个装满鲜奶的桶里。第一只青蛙说："这是神的旨意。"于是，它缩起后腿，一动也不动。第二只青蛙说："这个木桶太深了，我不可能跳得出去。"说完，也同样一动不动。不久这两只青蛙都被淹死了。只有第三只青蛙没有放弃努力。它想："只要我的后腿还有一点儿力气，我就要把头伸到鲜奶上面。"它就这样慢慢地游啊游。突然，它觉得它的腿碰到了一些硬硬的东西。原来，它不停地游过来游过去，把鲜奶搅成了奶油。第三只青蛙站在奶油上面，一跃跳到了桶外。

我们每个人降生到这个世界之时，就注定了要经历命运的各种困难和考验。做生意顺利的时候，财源滚滚而来，取之不尽，用之不竭；一旦遇上风险逆境时，也要学会节衣缩食，迎难而上。不够坚强的人在逆境来临时，就会匆匆结束这次旅行，提前承认自己的失败；足够坚强的人深深懂得，我们就是为了经历这些困境而来的。

积极的行动通常都来自于内心的热情。热情开朗的乐观主义者和那些郁郁寡欢的悲观主义者截然不同，那些忧郁的反叛者们不但反抗他们的亲人和朋友，就连陌生人善意的提醒都不领情。他们的叛逆表现为举止粗鲁，讨厌简洁，思维混乱，崇拜虚无。热情从来不是消极崇拜的一部分。因此，我们必须学会用积极的行动，争取进入令人激动的、有创造力的那类人的圈子。进入到圈子里以后，你会发现他们完全同意这个观点：积极的行动是一种珍贵的品格，能够帮助人们实现自我，获得幸福。

E.V. 阿普尔顿先生是一位苏格兰物理学家，他的科学发现在全世界广为传播，他获得过诺贝尔奖。当他被问及取得如此惊人成就的秘诀是什么时，他说："是热情，我认为热情比专业技能更重要。"

因为如果没有热情，一个人就不会甘愿忍受为掌握专业技能而必须经历的自律和无休止的折磨。热情是积极行动的动力，它会让人坚持为完成任务而努力。大多数人都承认，有关憎恨、恐惧及其他一般冲突的个性是可以改变的，但他们怀疑自己能否变成热情的人。他们辩解说："我也想有热情，可我就是没有又能怎么办呢？我没法让自己热情起来，不是吗？"他们总是期望得到理所当然的认可，可我根本不认同这种观点。因为你可以让自己乐观起来。你可以培养热情，培养一种持续不断、欢欣鼓舞的热情。

培养积极乐观态度的重要方法就是让大脑透透气。一个充满悲观预见的大脑很难装得下能够激发热情的快乐精神。满脑子的黑暗想法也是这样，这类想法包括比如厌恶、歧视、愤恨以及对人类和世界的不满等等。沮丧和挫折感会在大脑里形成一层沉重的乌云，精神状况也会随之改变。所以，给大脑透气是一个非常重要的步骤。它可以改善头脑，使之接受有创造性的思维环境。在这种环境下，热情才能绽放出来，并最终占据首要位置。有些人喜欢为未知的日子担忧，尤其是当他们发现困难并试图去解决尚未明朗的问题的时候。他们用憎恶甚至恐惧的眼光来看待未来，所以他们几乎没有热情来应对目前问题的挑战。

保持积极的态度，做积极的事情

　　有个年轻人，乐观积极地对待每一天，他的态度让周围的人钦佩。他经历了一些悲惨的磨难和失败，这些磨难和失败足以彻底击垮很多人。但他说："一次挫折又不是什么大灾难，它只是整个经商过程中的小事故而已。"他对待每一天的原则是，每天早晨都会面对新的情况，所以你要说服自己接受这些新的情况，快乐地面对它，并且做一些积极的事情。这个人的热情和能力都相当可观，他宣称："对我而言，只有两种日子：快乐的日子和非常快乐的日子。"

　　每天清晨都把握新情况并快乐地面对它，看起来真的是保持积极态度的好办法。人们说每个明天都有两个按钮，你可以握住焦虑的那个，也可以握住热情的那个。不断地选择按钮决定了你未来的日子怎么过。每天都选择热情，你就可能永远拥有热情。

　　如何保持积极是个难题，特别是对于年长者来说。随着年纪的增长，年轻人天生的热情常常会遭受到严重的打击。失望、希望和野心受到挫败、天生的活力渐渐溜走，这一切混杂在一起，让兴奋和激情变得迟钝。然而，这种生活力量的退化并非必然。其实，只有当你允许它发生的时候它才会发生。你是可以阻止精神状态的消退的。你也可以永远为热情所驱动，无论衰老、痛苦、疾病、失望还是沮丧。

　　拿破仑·希尔曾说："积极行动起来，利用好身边的每一分钟是非常重要的，如果你没能好好计划一天的时间，就会让自己产生拖延心理，很多时间都会因此而白白浪费，我们也将会一事无成。"还有位成功人士这样说："其实成功与失败的界限就在于怎样做到从现在开始。"有很多人认为，一些细小的时间根本就不会对完成整件事有任何影响，这样的想法是错误的。这些看似微小的时间，在短时间内我们的确会觉得它没有多大作用，可日久天长我们所浪费的时间一定会让自己感到惊讶。很多时候，导致我们之前所有努力全都白费的原因就只是一点点时间而已。如果当初我们能尽量抓住每一段时间，让自己积极行动起来，很有可能就会改变这一结果。

积极行动成就卓越人生

约书亚16岁就失去了父亲，家里的重担落在了他的肩上。虽然家里有很多土地，可因为当地的农业非常落后，大部分土地都没有真正开发出来，村民们也不知道该怎样灌溉和开垦土地。年轻的约书亚在18岁的时候就开始按照自己的想法开发家园的土地，他并没有白白地付出努力，没过多长时间他就取得了不错的成绩。

约书亚的家乡十分贫困，村子里的农夫连一匹马都养不起，而且当时村子里甚至连一条像样的路都没有，大多数时候村民们只能靠游泳出村子。另外的一条路就是高耸入云布满岩石的羊肠小道。人们想走出村子都是一件十分困难的事情，想要与外界进行贸易上的往来更是一件不可能的事情。约书亚意识到如果再这样继续下去，村民的日子只会越过越贫穷，他下定决心要改善村民的生活环境。然而书亚非常清楚眼前最大的难题就是这里的环境，他决定为村民修一条方便快捷的道路。这个消息传开后，几乎所有村民的看法都一样，他们觉得约书亚疯了，他实在是不知天高地厚。所有人都嘲笑他是一个异想天开的人。

尽管如此，约书亚也没有放弃自己的目标，他召集了3000多名劳工和他们一起出发了，约书亚用自己的行动鼓励着大家。通过不懈的努力，历经两年的艰苦劳动，以前那条又窄又险的小道变成了连马车都可以通过的马路。

村民们看着眼前的大路，为自己曾经所说的话感到羞愧的同时，也被这个年轻人的毅力所折服。虽然已经取得了傲人的成果，可约书亚还是没有停止行动。后来村民们觉得这个年轻人简直就是一个天才，他能做到别人想都不敢想的事情。几年之后，在约书亚的领导下，这个曾经连温饱都无法解决的贫困山村已经变成远近闻名的小康村。村民们告别了以前的贫困，过上了富裕的生活。而约书亚经过自己卓越的表现，成为了英国国会议员，在这个岗位上，他的积极行动也让自己获得了成就。

约书亚能取得这样的成就，是因为他知道了自己想做的事后，马上采取行动，并且在行动的过程中，他一直都用积极的心态去面对困难，绝不会拖延一点时间，正是这样的心态使约书亚走向了成功。

一个人自身是否有行动力足以决定他未来人生的命运。一个懒惰的人注定会一无所成，虽然他们也对成功充满渴望，可他们会因为缺少行动力而无法成就人生。相反，如果一个人做事积极，那么就算他的命运非常坎坷，处处充满荆棘，他自己拥有的行动力也会帮助他走出困境，成就一番事业。从平庸到优秀，从低迷走向辉煌，这一路走来注定不可能一帆风顺，必然会经受各种坎坷和困难。在我们遇到这些困难的时候，千万不要让自己有一点退缩的心理，要勇于向前，用行动来化解这些困难，使自己走出困境。

从另外一个角度来说，坎坷的人生才能锻炼出优秀的人才，因为在此期间，我们能学会很多成功者必须具备的东西。每天都做相同的事情，很难让我们获得意外的收获和知识，有时会那些突发的事情会让我们为以前所做的一些错事感到后悔，而在感到悔恨的同时我们应该让自己及时清醒过来，用行动证明自己，没有什么困难可以打败我们，每次经历磨难后我们只会变得更加坚强。

人们通常都是在承受困难的同时才会产生积极行动的心理。健康的人只有在得知自己生病以后，才会开始控制自己的饮食生活；一个奔波于工作的人，只有在察觉到自己的能力有所欠缺以后，才会为自己"充电"；一家公司在经营处于低迷的时候，才会寻找改善的方法。因此，许多时候，只有在我们经受挫折的时候才会激发出自己的行动力。很多成功人士的理想和目标往往都是在困境中产生的，他们在不断碰壁之后，厌倦了眼前的生活，为了不被别人呼来唤去，为了让自己过上幸福的生活，他们下定决心，一定要通过自己的积极行动，改变自己的生活，实现自己的理想。

第 5 章

在窘境中虚怀若谷，稳步前行

人生有涯，但学海无涯，一个人无论多么聪明博学，他的知识同人类整体的知识相比只不过是沧海一粟。"海纳百川，有容乃大。"越是德才兼备的人，越能明白这个道理，因而更加谦逊好学，严于律己，持之以恒，也越容易成就大事业。

第一节　谦逊是美德，也是力量

从古到今，许多名人志士都具有谦逊的美德。他们虚怀若谷，不耻下问，因而在事业上取得了巨大的成就。

谦虚大度的戏剧大师

梅兰芳是著名的戏剧大师。他善于听取内行、票友、亲友和外行人的意见，对《霸王别姬》这一经典剧目做到了精益求精。他三次修改《霸王别姬》，表现出他虚心好学、善于听取别人意见的美好品质。同时，也给了我们很多启示：一个人的成名与成功绝非偶然，除了他自己的奋斗、拼搏外，也与他谦逊好学是分不开的。

梅兰芳在演出京剧《杀惜》时，有一个老人在台下喝倒彩。梅兰芳谦虚知礼，虚心向这个老人请教。当老人指出"惜娇上楼和下楼之台步，按'梨园'规定，应是上七下八，博士为何上八下八"时，梅兰芳深感自己的疏漏，于是叩头拜谢。之后每在当地演出，都会请这位老人观看，并请老人提出意见。

梅兰芳的谦逊大度给人们做出了榜样和表率。也正因如此，他的艺术造诣更进一步，他的品德胜人一筹，更加受到人们的尊重。

唐代有"诗王"之称的白居易，每当写完一首诗，就先念给牧童和老妇人听，然后再反复修改，直到所有人听了拍手叫好，才算定稿。正是由于他虚心求教于民，才令他的诗通俗易懂，在民间广为流传，被后人所传诵。

克雷洛夫是俄国18世纪著名的寓言作家，他的寓言既多产又广为流传。有一次，他的一位朋友对他说："你的书写得太棒了，一版销完又印一版。"然而克雷洛夫却回答："不，并不是我的书写得多么好，而是因为我的书是给孩子们读的，谁都知道，孩子们是容易弄坏书的，所以版次就印得多了。"

被人们称为"力学之父"的牛顿，面对人们的称赞，谦虚地说："如果我所见的比笛卡尔要远一点儿，那是因为站在巨人的肩膀上的缘故……"

对于一个人来说，谦逊主要有两大方面的好处：一是谦逊让人进步。人生有涯，但学海无涯，一个人无论多么聪明博学，他的知识同人类整体的知识相比只不过是沧海一粟。"海纳百川，有容乃大。"越是德才兼备的人，越能明白这个道理，因而更加谦逊好学，严于律己，持之以恒，也越容易成就大事业。二是谦逊能赢得别人的好感，谦逊的人言谈举止谦卑有礼，不专横，不傲慢，不自以为是，在与人交往时比较容易获得别人的好感，容易得到建议、忠告、帮助和真诚的合作。

用谦逊的力量打动人心

美国大陆军在1783年解散之前，有些在纽约州纽堡驻扎的军官对政府拖欠他们的军饷这件事非常不满。他们威胁要到国会索要被拖欠的军饷。于是，便出现了军队接管政府的实际可能性。华盛顿将军虽然同情这些军官，但他也明白这场骚动会有损这个新生国家的民主。于是，他在3月15日召集了一次会议，勇敢地面对了手下那些气愤和不恭敬的军官们。

在简单地介绍了国家的财政状况后，华盛顿从口袋里掏出了一封信，这是"第二届大陆会议"的一位成员寄来的，意思是会议正在想方设法筹集拖欠的军饷。可是，华盛顿并没有马上宣读这封信，而是笨拙地摸索着信纸不发一言。随后，他从口袋里拿出了一副眼镜。"先生们，"他说，"你们得允许我戴上眼镜，为了效力于我的国家，我不但两鬓染白，并且几乎双目失明了。"

那个时候，华盛顿已51岁了，他从43岁起就统帅美国军队。华盛顿在追随他八年半的军官面前显示脆弱的那一刻，消除了当时的紧张状态。军官们得到了提醒：华盛顿为国家所做的牺牲并不比他们少，也许还要多于他们。

在华盛顿离开房间后，军队重申了对政府的忠诚。华盛顿对于自己的弱点表现谦逊，而不是利用自己的权势虚张声势，这感化了那些军官。有一位目击者回忆当时的场景，写道："华盛顿的这番呼吁，含有某种非常自然和率真的力量，远胜过经过缜密思考的演讲，他一下子就打动了人心。"

这就是谦逊的力量—打动人心。我们在显露自己弱点的同时，其实是在显示性格的优点。

接受他人的帮助，对培养充满爱的人际关系来说，是最佳和最有难度的方式之一。

我们总想隐藏自己的弱点，展示自己最美好的一面，这是再自然不过的事情。谦逊可以让他人清楚地了解我们的为人，从而具有让人际关系发生革命性变化的能量。谦逊同其他关爱他人的个性特点一样。它改变了我们文化中那种"敢于冒险"的观念，并认为人际关系是组成美好生活的重要因素。

对陌生人表示谦逊和对亲近的人表示谦逊相比，往往要容易得多。我们可以从他人的婚姻关系中看到这一点：丈夫对妻子生气，或是妻子对丈夫生气，是由于双方都感到："我没有得到对方应有的帮助，我的配偶没有帮助我反而在伤害我，我为什么要为他（或她）做点事情呢？"

由于产生了这种态度，夫妻俩会因气愤而争论不休，变成了敌人而不是爱人。接着，自我的维护变得比体贴对方更重要了。真正的谦逊意味着，先把自己关心的事情放在一旁，并设身处地为对方着想，站在对方的角度考虑问题。

自古以来，有才华的人数不胜数，但只有少部分人实现了自己的梦想，撬开了成功的大门，成为最后的胜者。他们成功的因素也许不尽相同，然而他们都选择了同一种改变自己的方式—谦逊。

"糖衣"的谦卑

50多年前，钱学森在归国途中，在马尼拉轮船码头和一位菲律宾华侨闲聊。那位华侨是一位高中老师，她对钱学森说："我只能教低层次的东西，不像你，是杰出伟大的科学家，能够创造伟大的事业。"而钱学森却回答："不，我只是蛋糕表面的糖衣，蛋糕的基础非常重要。培养年轻人是一个国家的地基，你是在塑造那些年轻人的灵魂。"

钱学森明明已经拥有举世瞩目的成绩，却依然内心谦逊，"糖衣"的谦卑，又何尝不是一种感动人心的力量呢？

NBA扣篮王布雷特·格里芬在年少时经常输给皮特，他很不甘心，于是苦练篮球，终于在校篮球选拔赛中，在皮特面前完成了一个远距离扣篮。可是在接下来的比赛中，他却由于得意而疏于防范，在一次上篮中被皮特飞来的一脚给顶了下去。也许是吸取了教训，他最终凭借着自己不懈的努力进入NBA，并成为了"扣篮王"。可并不是人人都能像他那么好运。

"傲骨梅无仰面花"的道理谁都听过，可方仲永的悲剧却还是在轮番上演。俗话说："响鼓不用重锤敲，但天生一架好鼓，如若不用力敲打，又怎能敲出绝世之响？"

同是钻石的材料，有些价值连城，有些却被抛弃在一边。原因很简单：只有被人打磨过的钻石才会发光，才有价值；而拿来打磨用的只会损减，成为一块石头。

谦逊是一种美德，也是一种力量，一种推动你成功的力量。但谦逊不是天生的，它来源于一个人的内心。人如果能清楚地认识自己，才不会在别人的评价中迷失自己。就像手影大师的手，手的影子可以是温顺的绵羊兔子，也可以是野性难驯的狮子山猫，但他们只能是手的影子。所以我们应该时刻认识到哪个才是真正的自己。保持一颗谦逊的心，就会有一种无形的力量伴随你一生。

第二节　聪明人从不自以为是

　　骄傲有两种含义，没有能力的人骄傲自满就是"自以为是"。人生在世，大多数人都有一技之长，可是，尺有所短，寸有所长，世界上没有无所不能的全才。有的人，在某个时刻取得了小小成绩就开始自以为是，无论在哪都摆出一副舍我其谁的态度，这样的人通常并不是真正优秀的人。反观有些能力强的人，反而谦虚谨慎，从不自以为是。

　　古人云："君子之心事，天青日白，不可使人不知；君子之才华，玉韫珠藏，不可使人易知。"这句话的意思是说，君子的内心仿佛青天白日一样明朗，光明正大，没有一丝一毫的阴影和黑暗。但他的才华和能力却应该像珠玉样深深地隐藏起来，不轻易向世人炫耀。

　　世上往往会发生这样奇怪的现象，越是有能力的人，通常越是低调，看上去似乎什么都不会的样子。而那些经常显摆、吹嘘自己多么有本事的人，到了关键时刻就掉链子，实际上什么都做不好。

　　《道德经》中说的"大智若愚，大巧若拙"，听起来好像是让人心里明白却装糊涂，其实不然，当中有着很深奥的为人处世的道理。把自己的聪明隐藏起来，不做被枪打的出头鸟。忙着炫耀自己的人，他们的优点都会被打折，却过早的暴露出自己的缺点。这个道理看看孔雀开屏就懂了。孔雀在开屏的时候，在炫耀自己绚烂羽毛的同时，也会露出自己最难看的部位—屁股。如果一味地炫耀自己的聪明，你就是愚蠢的，而且这种愚蠢会毫无掩饰地呈现在众人眼前。

成也态度，败也态度

　　古时候，有个道长到郊外旅行，他和徒弟们来到一家旅店投宿。旅店的老板向道长请教，他说自己有两个妻子，一个非常貌美，另一个长得很丑。"不过，奇怪的是，我爱长得丑的妻子，而讨厌那个美的。"老板说。师父问道："怎么会这样呢？""那个美的太喜欢炫耀她的美了，这让她变得很丑，而另一个丑得意识到自己不美，变得非常低调、谦虚，这令她变得很美。"

　　那个美的妻子一直在想自己是美的，这使她变得骄傲了。当她骄傲的时候，又怎么能称之为美丽呢？她变得十分自以为是，自以为是会磨灭她的美丽。而丑的那个妻子，当她意识到自己是丑的时候，她变得低调谦和了，而低调有它自己的美。所以那个老板说："我很迷惑，我爱那个丑的妻子，而讨厌那个美的，请你解决我的迷惑。"

　　师父把徒弟们召集到一起，说："不要因为你聪明就以此骄傲，否则你就是无知的。如果你认为自己是无知的，你就是聪明的。"几年之后，这位道长再次到访这家旅店，老板对他说："令人迷惑的事情又发生了！上次你来到这儿的时候，我向你提过这个问题，你把它解决了。可是，从此以后，一切都改变了。我那个丑妻子变得以她的谦逊为骄傲，变得自以为是起来，现在我已经不再爱她了。她不但外表丑陋的，现在她连心灵都变丑了。而那个美的，她知道是骄傲破坏了自己的美丽，惭愧不已，变得谦虚了。现在我开始爱她，她不仅外表美丽，连她的心灵也变得很美丽了。请你告诉我，这到底是怎么回事？"道长说："请让我保持沉默。假如我说了什么，那么这件事情又会发生次转变。所以，请允许我保持沉默！"

事情就是这样不可思议，当一个美丽的女人炫耀自己的美丽时，她就开始变得丑陋；当一个聪明人炫耀自己的聪明时，他就开始变得愚蠢。我们可以进一步思考，一个原本很有才华的人，当他开始恃才傲物、洋洋自得的时候，他的才华就变得一文不值了。一切都在悄悄地发生变化，似乎其中有魔力在控制一样。我们每个人都逃不开这样的控制，这就是人心的复杂之处。你的态度能够创造某种美丽，也可以毁掉某种美丽。聪明才智可以通过创造和修炼而来，可自作聪明却能让这一切变得像粪土一般廉价并让人生厌。

达尔文是英国的博物学家，也是伟大的进化论的奠基人。达尔文被作家哈尔顿采访，其中有段对话是这样的，哈尔顿："您的伟大成就有哪些？"达尔文："没有。"哈尔顿："您的主要缺点是什么呢？"达尔文："不擅长数学和新的语言，缺乏观察力，不善于合乎逻辑地思维。"哈尔顿："您的治学态度是怎样的？"达尔文："我非常用功，但是没有掌握好学习方法。"

作为闻名世界的博学大师，达尔文竟然是这样的谦逊朴实。正因为如此，他才成为了流芳千古被人们所尊重的大师。古希腊的先哲说："傲慢始终与愚蠢结伴而行。"巴尔塔沙也曾说过："人如果急着表现自己，就拿不出使人感到惊讶的东西。必须时常把一些新鲜的东西保留起来。对于那些每天只出一点招数的人，别人始终保持着期待，任何人都对他的能耐摸不着底。"这句话正是说明了有才华的人懂得内敛、从不自作聪明的道理。

自以为是是愚蠢的表现

在日本曾经有位著名的学术界高人，他自认为学识已经很渊博，却总听见有人在自己的面前夸奖一位名叫南隐的禅师。学者很不是滋味，决定要亲自去找南隐禅师分个高下。而南隐禅师是位老实修行的人，学者就打着学习的旗号前往。见到南隐禅师以后，骄傲的学者说道："我是来学习的。"南隐禅师于是很客气地打招呼，请他进入禅房，还亲自为他沏茶。这位学者坐在禅师对面，看着茶杯已经斟满了茶，而禅师却还是不停地倒着。学者叫道："行啦！水已经满了！"禅师这才笑着说："是啊，水满了，所以已经盛不下了。你说来学习，心中却满是骄傲，又怎么听得进去呢？"

禅师用倒茶的方式告诉学者，自以为是就会自我膨胀，这样就没有办法再接受新的知识。人生有涯而学海无涯，真正有才华的人不会因为小有成就而沾沾自喜，反而会意识到自己的不足之处。

俗语云："一个人真正的伟大之处就在于他能正确地认识自己的渺小，在得失的过程中，都可以保持心平气和。"自以为是的人往往是半杯水，容易意气用事，甚至会造成伤人伤己的不利局面。真正有才华的人往往具有厚德载物、有容乃大的品行。孔子说："三人行，必有吾师焉！"他成了大思想家。我国古代有俗语："谦受益，满招损。"著名学者笛卡尔也说过："愈学习，愈发现自己的不足。"可见，谦虚是种修养和美德，越是有能力的人，越是懂得"学海无涯"的道理。

"虚心的人十有九成，自满的人十有九空。"谦虚是种智慧，明白谦虚的人必然是对人生有深刻的认知，而妄自尊大和妄自菲薄都是严重的错误。只有谦虚的人才能经常发现自己的不足，不断得到各方面的指导和帮助，让自己不断进步。

第三节　锋芒太露易树敌

俗话说："人怕出名猪怕壮。"如果说话时锋芒太露很容易招惹到别人，得罪别人也就是在增加自己前进的阻力，使得成功难以抵达。做事时锋芒太露容易被周围的人嫉妒，产生嫉妒情绪的人必然会去破坏你的行动，身边都是阻力和破坏者，成功便遥不可及了！

古人云："人不知，而不愠，不亦君子乎！"可是，刚刚出入社会的年轻人个性都比较强，认为做事做到最好才可以显示自己的能力，得到同事的尊重。实际上，社会之中的人都有或多或少的利益关系，如果事事占先，难免会被同事嫉妒，能力再强也可能被打压，甚至到孤立无援的境地。

谁的锋芒更盛

有两个大学生，毕业后进入了同一家公司，她们各方面的条件都相近，唯一不同的是姓张的女生看起来十分柔弱，说话温声软语，做事慢条斯理，对同事和下属都是充满依赖的样子，平日里穿的衣服也介于休闲装和职业装之间，随和又不随便。李某则雷厉风行，不仅说话快人快语，做事也是十脆利落。当同事没有达到她理想的合作状态时，她就非常不耐烦，甚至当面就表现出轻蔑的神态。公司里的同事都觉得李某很厉害，但是没有人愿意和她做朋友。一年下来，张某的人缘非常好，当她需要帮助的时候，同事都愿意主动站出来施以援手，她每次都会流露出非常真诚的感谢之情。李某则不然，有不了解的东西只有自己去拼命下功夫。

到了年终展示销售业绩时，大家都没有想到，看起来柔弱纤细的张某在业务榜上远远超过了看起来很强的李某。到第二年，升职加薪的也是貌似弱小无助的张某，李某却一无所获。直到李某偶然看到张某和客户谈业务时，一副没法让人拒绝的缠人姿态，才发现自己的态度有多不讨人喜欢。

年轻人通常容易狂妄自大，却不晓得这会在浑然不觉中树立敌人，失去朋友。李某正是由于言语和行为上的锋芒太露使得同事对她敬而远之。人人都担心自己被人超越，你一旦表现出特别突出的能力，其他人自然不愿意再给你帮助，以免自己落后。

《易经》上说："君子藏器于身，待时而动。"锋芒太露很容易刺伤别人，如果你不去想办法磨平自己的刺，时间久了或许会被别人来拔掉你的刺。

言语露锋芒，前途铺荆棘

东汉末年，曹操的主簿杨修是有名的文学家，且才思敏捷，非常聪明机智。曾有一次，杨修受命主持建造大门。门建造成型的时候，曹操亲自去现场看了看，却一言不发，只在门上写了个

"活"字便走了。匠人们很紧张，不知该怎么办才好。待杨修看到门上的"活"字，立剽命令匠人们进行改造，并解释道："门中写个活是阔，是嫌门做得太大了。"

还有一次，有人特地从远方带了一盒酥送给曹操。曹操吃了一块之后，在盒了上写下"一合酥"便递给大臣们，大臣面面相觑，不知何意。

传到杨修手上时，他笑着拿出一块酥吃下，随后拍手说道："好吃！"大臣们很惊恐。杨修解释道："这上面写着的，一人一口酥。"曹操满意地点了点头。

杨修的智谋当然不止体现在这两件事上，他能事事洞察本质。但后来，正是由于他锋芒毕露让曹操产生疑虑，便借故杀了他。

言语露锋芒，行动露锋芒，就是自己为自己前途设下的荆棘。杨修正是因为自己的才学高深太过显露，因此招来了杀身之祸。中国有很多古语警告我们为人处事不要太锋芒毕露，枪打出头鸟，木秀于林风必摧之。保护我们自己最好的方法就是与大多数人保持一致，否则，你就会遭遇到危险。这也是中国古代所尊崇的"中庸之道"。

锋芒太露遭人妒

有一个姓白的年轻人在一家报社工作，他的口才很好，又有敏锐的洞察力和非常优秀的文笔，所以他策划的选题常常成为报纸的头条并且在发表后反响很好。在这个基础上，报社有什么重大选题都交给白某，他每次都欣然接受，认为自己是能者多劳。后来，同事们都觉得他太嚣张，霸占了所有的好选题，让其他同事失去了表现的机会。因此，同事们不约而同地开始疏远他。张某自己还浑然不觉，认为自己有能力，所以才与众不同。后来，报社的总编辞职了，需要挑出个新总编。报社决定采取民主选举的方式，让所有工作人员投票。白某以为这个职位非自己莫属，因为自己是同级里最优秀的。结果，没有一个人投他的票。

适当的表现或许给领导留下不错的印象，但过多的表现却会在同事之间树敌不少。白某正是锋芒太露，不懂得消除同事们的戒心，凡事以自我为中心，所以才落得了失败的下场。

有句话叫作"高调做事，低调做人"。我们无论在工作中还是在生活中，都应该在做事时考虑他人的感受，关心他人，而不要见缝插针，有机会就表现自己。更不要因为自己取得了点小小的成绩就贬低别人，以为这样可以显示自己的优越。卡耐基曾指出，如果我们只是要在别人面前表现自己，使别人对我们感兴趣，我们将永远不会收获诚挚而真实的朋友。在竞争日益激烈的社会中，我们要谨记：不要锋芒太露，太露将会树敌。

鹰立如睡，虎行似病，这是它们迷惑猎物放松警惕的手段。所以聪明人不能轻易显山露水，不炫耀自己的才华，这样才有能力干大业，做大事。

锋芒太露没有好果子吃—这是跌过跟头的老祖宗们用鲜血和泪水写下的忠告！可惜有太多人就是不明白这个道理。他们认为自己聪明过人、能力超群，看谁都比自己差，舍不得挑剔自己，什么都不放在眼里。这种人最容易栽跟头，严重的甚至会为此丢掉性命。

大家都听说过"真人不露相，露相不真人"这句话，意思就是，真正聪明人的身怀绝技而深藏不露，绝不到处炫耀，而是等待时机大显身手。有才华固然好，但是能力再强，也不能整天顶在头上到处去显摆。

就像财富一样，有钱当然是好事，但你会每天都穿金戴银，提着钱箱子到街上去炫耀吗？

才华是一个人成功的地基，一个有才华的人能得到大把的表现机会，一个无能的人，就算再张扬表现自己也不可能成功。但一个有才华的人过于炫耀自我，占领了他人的表现空间，损害了他人的利益，就必然会招致众人的一致嫉恨。如果发展到这一步，他的前途和事业就非常危险，随时可能会被人拉下马。

才华这把双刃剑

三国晚期的诸葛恪，是诸葛亮兄长诸葛瑾的儿子。由于出身名门，所以家教甚严。他在很小的时候就展现出了才思敏捷、天赋过人的特质，大家都认为他的才能超过了其父诸葛瑾。不过，诸葛瑾不但不为有这么一个好儿子感到高兴，反而觉得诸葛恪会给家族带来不幸。为什么呢？诸葛瑾说："恪性格急躁、刚愎自用，而且太喜欢表现自己，锋芒过于外露，终将引来祸端。"果不出父亲所料，诸葛恪长大掌权后，独断专行、以才压人，觉得自己什么都最好，目中无人，最终引起众怒，被大臣们设计害死，连家族也遭到诛灭。

在这个世界上，才华出众却被排挤的人到处都有。他们才华在手，就像拥有一把传世名剑，逢人就要吹嘘一番，拿在手中四处挥舞，生怕别人不知道他的惊世之才，傻乎乎地把自己变成人人想打的活靶子。他们看不见自己脚下的火坑，就这样不知不觉陷了进去。

才华犹如一把双刃剑，可以刺伤别人，同样也能刺伤自己，所以运用起来应当小心谨慎，平时应插在剑鞘里。很多时候，锋芒太露都会招致小人的嫉恨和陷害。但凡做大事业的人，都应该修炼"藏露"之功。洪应明在《菜根谭》中说："文章做到好处，无有他奇，只是恰好。"才智的使用也应该如此，用至好处，只是恰好。当智则智，当愚则愚，愚也是一种智。必要时，装一装"低能儿"，做一做"糊涂人"，都是明智之举。

当一个人遭遇窘境的时候或许会抱怨呐喊——我这么有才华，为什么却落了个穷困潦倒、一事无成的下场？老天真是不公！老天真的不公吗？并不是这样的，是他没弄懂基本人情世故的缘故，这一切都是他自己造成的。当他面临人生败局时，是否应该自我反思一下呢？是否目中无人，过于突出自己，忽视了众人的感受？是否自以为聪明绝顶，别人都愚不可及？一个人如果这样反思一番，就能找出问题的症结所在，然后对症治疗，等顿悟明澈之后，也就真正成熟起来了。

翻开《二十四史》，我们会发现被小人运用阴谋诡计陷害的忠臣良将不计其数。一方面是因为小人过于奸诈残忍，另一方面又何尝不是因为被害者不懂玉韫珠藏的智慧呢？他们风头过于张扬，才华过于横溢，同时又目空一切，不把身边的同僚放在眼里，这样的人正是众人嫉妒的目标。

西方有这样一种说法："法兰西人的聪明藏在内，西班牙人的聪明露于外。"前者是真聪明，后者是假聪明。在人际交往中，我们一定不能自作聪明，要学会真聪明。切忌只知伸不知曲，只知进不知退，只知自我表现不知韬光养晦。这样的话，我们即使才高八斗，也照样两手空空。在社会上行走，我们每个人都要掌握这种低调隐忍的做人绝学。多一些深思熟虑，少一些锋芒毕露，千万不要把肚子里的"宝贝"像竹筒倒豆子一样全拿出来。如果不懂这个道理，肚里有再多的宝贝，也早晚会成为别人的囊中之物。

第四节　识进退方知荣辱

　　人生道路几经曲折，有高山也有低谷，怎样做人是人生在世最重要的事情。一个聪明的人懂得怎样宠辱不惊、进退自如的道理。因为人的一生无法万事如意，一旦遭遇挫折就万念俱灰，很容易会丧失对生活的信心。相反，无论遇见什么逆境都埋头向前，也有可能因此掉进悬崖。

　　有位哲人说过，世界上的人通常可以分成两类，一类像刺猬，遇到事情的时候就会把刺竖起来，不是进就是退，以此应付危险。而另一类人则像狐狸，它们狡猾多端，能够针对不同情况随机应变，进退自如。

乱世不倒翁的进退之道

　　中国古代有位历史人物名叫冯道，他一生侍奉过六位皇帝。有一次，后晋高祖石敬瑭派他出使辽国，并嘱咐他要对父皇帝尊敬有礼，作为儒家弟子，人们都认为这样的差事丧权辱国，有失体面，然而冯道却欣然接受，认为"陛下受北朝恩，臣受陛下恩，有何不可"。后来辽灭了后晋，辽太宗耶律德光进年开封，召冯道觐见。冯道竟然十分爽快地前去，一点也没有故作姿态的推迟。耶律德光于是故意出言羞辱他，冯道也不慌不忙，照实回答，他的态度获得了辽太宗的欣赏，任命他为太傅。冯道写过一篇叫作《荣枯鉴》的文章，其中有一句是："悦上者荣，悦下者蹇。君子悦下，上不惑名。小人悦上，下不惩恶。下以直为美，上以媚为忠。"直接表达了自己处理人际关系的观点，坦荡做人，一心做好该做的事，任凭旁人去评价，反正对自己也没有实际的坏处。冯道的生活十分简朴，从不铺张浪费，做好事不留名，还曾晚上偷偷帮孤寡老人种地。他说道："人慕君子，行则小人，君子难为也。"因此，这个冯道宁愿做真小人，也不做伪君子。死后，他还被封王，受到老百姓的拥戴。

冯道为了保住自己的性命，不惜见风使舵，屡次换君主侍奉，实则这是他的做人之道。进退有度，在保全自己的同时还能帮助更多的人。冯道不在乎自己的名声，但又尽自己的力量努力减少战乱中百姓的痛苦。成功的人通常都懂得识时务、合时宜，这是做人最基本的要素。要义有两条：一是防患于未然，捷足先登；二是通权达变，转危为安。

吃盐巴的庄稼汉

从前，有个身处偏远地区的庄稼汉，活了大半辈子却从来没有见过盐巴，更没有吃过。有一天，由于偶然的机会到一户有钱人家去做客。他走进厨房，见到厨师向菜里加一些白色的粉末状物体，觉得很纳闷，就问他们："这是什么东西？为什么要加在菜里面煮？"厨师回答说："这是盐巴啊，加在菜里煮，菜就会变得特别好吃！"庄稼汉听完，认为这种盐巴必定是十分好吃的，所以往菜里加那么点儿就会使菜变得很好吃。于是，他想到自己可以偷尝下这种美味，就迫不及待抓了大把盐巴塞到嘴里，想要品尝美味。结果嘴巴里又苦又咸，难受得不得了。庄稼汉很生气，跑去质问厨师："你不是告诉我盐巴很好吃吗？"厨师听罢，说道："盐巴是适量加在菜里，为食物增加美味的啊！你这么单独吞咽，当然会不舒服了。"

这个庄稼汉听说盐巴很美味，就不假思索地塞到嘴里，因此弄巧成拙，闹笑话。这则故事告诉我们，做任何事情都需要进退得当，在适当的时候有所进退才能获得持久，否则，就只能聪明反被聪明误。

后退一步，化解争执

有一位男士独自上岳父家拜访。吃饭的时候，两人说起了正在修建的一条高速公路延期的问题。男士认为公路的修建进度再推迟的原因是政府相关机构的一个严重错误，然而岳父却认为那条高速公路延期是正确的，甚至本来就不该兴建。男士继续阐述自己的观点，岳父也不退让，你来我往，争论演变得越发激烈。事后，岳父生气地说道："年轻人自私自利，没有环保意识。"看着岳父生气的样子，男士忽然意识到自己再争论下去会令老丈人更生气，甚至伤害到家庭的和睦。于是，他语气缓和下来，退一步说到："我们的观点确实能代表了两个年代的人对于这件事的看法，但这也没什么关系。谁知道我们谁对谁错呢？这都是未知的事情，有可能我们都是对的，也有可能我们都是错的。"男士适时的退让化解了尴尬的局面，给岳父一个台阶下。岳父这才消了气，没有影响到对女婿的印象。

男士的适时后退维持了良好的家庭关系，同时也表达了自己的意见。个人只有深谙进退之道，审时度势，才能正视自己的处境，洞悉对方的意图，从而进退有方，挥洒自如。

胜败之间进退自如

宋国有个名叫监止子的人，他是一个十分有经济头脑的商人。

有一次，有个人在大街上拍卖一块价值百金的玉石，他看到那块玉石晶莹剔透，多年经商的经验告诉他，那绝对是一块上等的玉。

于是他参加到竞拍的队伍行列中，然而竞拍的队伍中的每个人都和他一样识货，而且和他同样有钱，这样他得到这块玉石的概率就很小。聪明机灵的他终于想到了一个好办法：他拿起玉石观看，假装不慎失手，将玉石掉在地上摔坏了，照价赔偿了一百金。

别的商人一看好好的玉给摔碎了，大家都为之可惜，没人要那块碎玉了，这正中监止子的下怀，他赔偿了一百金以后又拿起那块碎成两半的玉石。

事后，监止子把摔坏的玉石捡起来，修理好损坏了的部分，琢磨出一块光彩奕奕的宝玉，赚得了千金，是他当时赔偿玉价的十倍。

有时候，要想胜，须先败，败非真败，是以败取胜，但要在胜败之间做到进退自如，最后稳操胜算，须有败中见胜的眼光、以败求胜的权谋和败中取胜的本领。

第五节　心再高，脚也要踏在地上

有很多人感慨："我们生活在一个浮躁的年代。"可是无法否认的是，那些从容淡定地面对生活，用自己的双脚来测量人生道路的人们，总会让我们肃然起敬。

因为脚踏实地，无论在什么时候都是一种难能可贵的品格。

"苛求"的老教授

曾经有一位翻译界泰斗，和蔼可亲，授课细致生动，每次探讨都让他的学生们收获良多。他有位学生，梦想着向世界介绍中国，研习翻译理论。有一次，老教授指着这位学生的一篇论文，说："你说这个理论带来了革命性影响，为什么没有引证？"看完学生的文章，又会问比如"为什么逗号前面有空格"这种小问题。老教授的严谨令学生非常惊讶，因为老教授本以大胆开辟新理论著称，没想到却对细节这样"苛求"。看出了学生的疑虑，老教授轻声说："年轻人有自己的想法，这很好，但是要脚踏实地，一步一个脚印，厚积才能薄发！"

老教授正是凭借数十载的不断积累，才有了如今的成就。年轻人刚进入社会，心比天高，总想一鸣惊人，往往忽略知识的积累和能力的提升，每当遇到挫折，又总是埋怨这埋怨那，却很少认识到自身实力的不足。

"三年不翅，将以长羽翼；不飞不鸣，将以观民则。虽无飞，飞必冲天；虽无鸣，鸣必惊人。"李时珍尝遍百草，方著就《本草纲目》；达尔文游历全球，才写成《物种起源》……纵观历史，大凡创造卓越成就的人，无一不经过长年累月积淀而成。心比天高，但又不安于脚踏实地的人，就仿佛是没有根基的浮萍，会在时代的大潮中转瞬即逝。戒骄戒躁，脚踏实地，勤勤恳恳，努力拼搏，才能搭建好通向理想的阶梯。

尖底桶和圆底桶

古时候，一位帝王想选一位杰出的使者出使别国，可出使之路困难重重。帝王为了找一个可担此重任的使者，在全国范围内展开了选拔，经过层层筛选，最终确定了两位候选人。可帝王不知该怎样从中选出一个最好的。于是，他便去寺里找方丈帮忙。方丈听完了帝王的来意，沉思了一会儿，带着帝王和两位候选人来到斋房。斋房里堆放着好几种水桶，方丈对两位候选人说："你们一人选一对桶，从山底挑一担水上山，看谁先上来。"两人各有所思，打量了许久，便过去选桶。第一个人把水桶反过来倒过去地比较，最后选择了其中两个最小的桶，第二个人则从中选择了两个尖底的水桶。然后，这两人便下山挑水去了。

两位候选人走后，方丈笑着问帝王："陛下认为哪一位可先到达山顶？"帝王一笑，对方丈说："自然是选小桶的人先到。"方丈一笑，摇了摇头说："老衲认为，选尖底桶的人会先到。"帝王不信，便和方丈打赌，在山顶上等候。

一个时辰后，有人到达了山顶，还真应验了方丈的话，果然是挑尖底桶的人。帝王不解，忙问为什么。方丈则叫来那位候选人，问道："施主为何选尖底桶？"那位候选人一笑，对方丈说："挑起尖底桶，可以催促我上山啊！因为我挑起它们便不能让它们着地，一旦着地，水便会泼掉，我就完成不了任务。所以，为了不让水泼掉，我必须持之以恒地走下去，直到完成任务。所以，我选了尖底桶。"帝王听后，豁然开朗，心中便有了出使的人选。不一会儿，挑着两只小桶的人也到达了山顶。当他发现自己不是先到达山顶的人时，一脸的羞愧。方丈把他叫了过去，问道："施主知道自己为什么没有先到达山顶吗？"那人面露愧色，对方丈说："我原以为我的桶小，挑起来省力，肯定会比他先到，所以在路上没有太急……"

每个人心中都有梦，可梦想成真的时间却相差很多。究其原因，无非四个字：负重前行！敢给自己压担子，你就有前进的动力，这副担子甚至会促使你用奔跑代替慢步。给自己减负，会在无形中松懈你那进取的意志，它可能会使你享受一时的轻松，却让你离一生的目标越来越远。

古语有云："非宁静无以致远。"然而，当今社会由于竞争压力加剧等原因，浮躁之风甚嚣尘上。"5天学会绘画""30天学会英语""3个月让您的孩子进名校"……走在大街上，类似广告扑面而来。当速度决定一切时，考场作弊、学术抄袭、学位造假等欺诈行为层出不穷，"楼歪歪""桥脆脆""地陷陷"等建筑安全事故不时发生……社会急需来一场清凉雨，洗去浮躁的风气，回归脚踏实地的境地。

老子说："静胜躁，寒胜热，清净为天下先。"燥热者或许能够引领一时风尚，但终究不过是你方唱罢我登场，如同过眼云烟，在历史的长河中转瞬即逝，不留一点痕迹。古往今来，能够名垂青史者必是脚踏实地之人。他们清净自守，勤勤恳恳做好每件事，风雨无阻。

"书圣"王羲之自幼酷爱书法，刻苦练习，临池洗砚，久之，池水尽墨；民族英雄岳飞生逢乱世，自幼立志学武报国，寒暑冬夏，苦练不辍。相反，如今某位"艺术家"赤身裸体地将墨汁倒在自己身上，便敢称自己是书法家；有些人只懂得几招花拳绣腿，便敢在众目睽睽之下招摇。

这一切，绝不是厚古薄今的偏见，当下国人依然追寻卓越，只是一些人的心态悄然发生了变化。在利益诱惑面前，他们渐渐失去了脚踏实地的优良品格，变得浮躁虚空。事实上，万事万物都遵循着各自的发展规律，我们切不可急功近利，而应肩负责任，脚踏实地。

《资治通鉴》是一部伟大的史书，对后世影响极大，毛泽东主席一生批阅《资治通鉴》达17次之多。影响如此深远的史学著作是如何编撰成的呢？

脚踏实地的杰出人物

司马光为编定《资治通鉴》翻阅了大量书籍资料，为整理、筛选这些资料，每天晚上他总是让仆人先睡，自己秉烛夜读，次日早起继续工作。他怕夜里因困乏睡过了头，便让人用圆木做了个枕头，木枕光滑，稍稍一动，头即落枕，人便惊醒。后人称此枕为"警枕"。

司马光曾问他的好友邵雍（北宋著名易学家）："你看我是怎样一个人？"邵氏回答说："君实，脚踏实地人也。"脚踏实地是司马光的品格，正是这份踏实与坚毅成就了他一生的伟业。

　　"杂交水稻之父"袁隆平，大学毕业后分配到偏远的湘西农校。可他没有忘记"让所有人远离饥饿"的梦想。头顶烈日，他在海南岛寻找优良品种；专注田畴，他仔细钻研水稻变化。他用脚踏实地，实现了造福人类的梦想；他用脚踏实地，成就了一生的传奇。

　　古往今来的杰出人物，无不志存高远，但更有将满怀豪情化作行动的勇气与毅力。人类失去梦想，世界将会怎样？我们需要梦想照进我们的现实，可我们更需要用脚踏实地的品格去实现我们的梦想。用实干完善自我，用实践成就自我。脚踏实地的品格让每个人梦想的翅膀挥舞得更美丽，更有力！

第六节　抬头做人，埋头做事

　　抬头做人，就是指应该堂堂正正地做人，身具有浩然之气。孟子曾说过："吾善养吾浩然之气。"炎黄子孙重气节，脊梁直，骨头硬。自古以来，具有浩然正气之士灿若群星，他们做人坦荡磊落，为国家、为民族"粉身碎骨浑不怕"，他们的言行教育激励着无数后人。西汉霍去病以"匈奴未灭，何以家为"的爱国忘家精神为信仰，戎马一生，战功赫赫；宋代岳飞，面对国土沦陷，决心"从头收拾旧河山"，一生报国。

　　常言道：抬头见大。人不能总是低头看自己鼻子下边那么一丁点儿小事：今天嘴里能吃到什么佳肴，喝到什么美酒？明天手里能拿到多少人民币进入自己的钱包？后天双脚能迈进多大平方米的私人住宅？抬起头来，就会自觉不自觉地环顾左右，使眼界骤增宽广：世界这样大，且是大家的世界，不是一个人的世界，自己很小，仅是世界上的一粒微尘。人生在世，不能只见自己，不见别人。要和旁人携起手来，才能更好更愉快地在世间生活。

抬头做人也有抬头望远的意思。人抬起头来，为的就是让眼界更远。望远，才能憧憬未来、思想活跃，追求幸福不止，追赶快乐不疲；望远，才能紧盯理想之光，坚定信念不移，不至于被眼前一时的困难吓倒，被一时的不快所阻碍望远，才能充满乐观，笑对人生，把生活中的喜、怒、哀、乐简化为一个字——乐，用乐来冲淡苦，把事业上的酸、甜、苦、辣简化为一个字——苦，在苦中作乐，从而克服痛苦，走向快乐。

抬起头，捍卫生命的尊严

丛飞是深圳的一名歌手，他的人生只有短短36年。然而在他有限的时间里，为社会公益演出300多场、义工服务时间超过3600小时、捐款捐物300多万元、救助失学儿童和残疾人178人，直到生命最后一刻，还要捐献出自己的眼角膜，把光明留在人间。

丛飞就是这样抬头做人，捍卫生命的尊严，在短暂的一生中，却奉献出自己的一切。他带给人们震撼的感动，成为人们心中一座永远的丰碑。"不畏浮云遮望眼，只缘身在最高层。"抬头做人，追求的正是这样的人生境界，尤其在身处喧嚣与浮躁的环境中时，更需要如此。

人的一生，可以抬头做人是一件幸运的事。抬头，足见其理直气壮；抬头，足显其忠肝义胆。

抬头做事的悲剧

屈原一直以来都胸怀大志，志在报国，在楚怀王面前敢于直言，多次进言劝谏楚怀王联盟抗秦。原本是堂堂正正的大丈夫气概，但却遭到小人的陷害，不但不被楚怀王信任，而且还被继位的楚襄王放逐江南，永远不准过江。屈原虽然想抬头做人做事，但他却没有"抬头"之日，只能在江边独自慨叹："举世皆醉唯我独醒，举世皆浊唯我独清。"终因怀才不遇而抱着砂石，投汨罗江了此残生。

由此可见，在抬头做人的同时，我们要学会低头做事。民间有句十分贴切的谚语："低头的是稻穗，昂头的是稗子。"越是成熟越饱满的稻穗，头垂得越低。只有那些稗子，才会显摆招摇，始终把头抬得老高。人的一生应该这样度过：抬头做人，堂堂正正；埋头做事，心无旁骛。

埋头做事，其实就是指按规律做事。埋头者，就是低头，有顺从、服从之意。顺从、服从什么呢？正如《后汉书·马援传》所写："今者归老，更欲低头与小儿曹共槽枥而食"，二是跳出个人生活的小圈子，面对现实，面向未来，顺从规律，服从大势，不做拔苗助长的蠢事。扎扎实实，一步一个脚印地走；循序渐进，一步一步登上事业的巅峰。

"记得低头"的座右铭

美国著名的政治家，同时也是《独立宣言》的起草人之一的富兰克林，有一回到一位前辈家拜访，当他准备从小门进入时，由于小门的门框太过低矮，他的头被狠狠地撞了一下。出来迎接的前辈微笑着对富兰克林说："很疼是吧？可是这应该是你今天拜访我的最大收获。你要记住：'要想平安无事地活在这人世间，你就必须时时记得低头。'"从此，富兰克林把"记得低头"作为毕生为人处世的座右铭。

作为凡人应该时时刻刻学会低头、懂得低头、敢于低头。生命的重荷负载过多，就低一低头，埋下头才能卸去那份多余的沉重。面对自己的错误和不足，也要学会"低头"。只有学会低头，才能正视自己的错误。

低头并不代表无能

鸵鸟和斑马一起在草原上散步。一路上，斑马不停地炫耀："我的斑纹可是非常好的隐藏绝技，鸵鸟老弟，你大可放心地跟我走。"当它们经过一片洼地的时候，远处突然传来了一阵急促的奔跑声。斑马慌乱地四下张望起来，而鸵鸟却急忙埋下头，把头和脖子都埋在地上。斑马见周围什么也没出现，就忍不住嘲笑起鸵鸟来："你的胆子也太小了，还没出什么事呢，就把你给吓成这样了！"很快，那急促的声音渐渐远去，鸵鸟这才放心地把脑袋昂了起来。"没事了！没事了！只是一群野牛刚从那边奔跑了过去而已！"鸵鸟十分肯定地说。斑马的脸唰地一下就红了："你……你还有这个本领？"

其实本领不一定都要挂在嘴上，埋下脑袋不一定是无能的表现。趾高气扬往往让我们忘记了埋下自己的头，从而失去了思考的空间。

不肯埋头实干，就触不到梦想的边缘

小张时常在闲暇时来找他的叔叔聊天谈天。他学的是法律，却热衷于戏剧，常想有机会跃登银幕，成为大明星。然而，他却从未去寻找可以进入影剧界的机会。于是叔叔问他："你为什么不去试试看呢？"小张回答说："我不愿去和那些初出茅庐的小孩子们竞争。我都快30岁了，就算真的考进去，也只能当个小小的配角，有什么意思？我要等到有大公司找一部影片的主角并且和我的性格戏路合适的，我一去，就被录用，那才可以一鸣惊人。"可是，像这样幸运的人能有几个？于是，小张只好任岁月蹉跎，逐渐老去，而他的梦想仍然只是梦想。只因他不愿从头做起，不肯埋头实干，所以连他梦想的边缘都永远接触不到。

仅仅对自己那无法实现的梦想焦急慨叹是没有用的。要想达到目的，必须从头开始。所谓"登高必自卑，行远必自迩"；正如爬山，你只好低着头，认真耐性地去攀登。每到你付出相当的辛劳努力之后，登高下望，你才可以看见你已经克服了多少困难，走过多少弯路。这样一次次的小成功，慢慢才会累积成大的更接近理想目标的成功。

最终的目标绝不是转眼之间就可以达成，在未付出辛劳艰苦的代价之前，空望着那遥远的目标着急是没有用的。而唯有埋头做起，按部就班地朝着目标进行才会慢慢地接近它，达到它。

古人说："唯有埋头，乃能出头。"种子如果不经历在坚硬的泥土中挣扎奋斗的过程，它将永远是一粒干瘪的种子，不能发芽滋长成一棵大树。

埋头做事，更能体现一个人的心境、作风、品格和做派。古诗云："垂杨低复举，新萍合且离。"可见，所谓的低者，即垂垂向下也。

埋头做事也是指用脑做事。当人"举头望明月"时，"低头"就会"思"故乡。思，是低头的一项重要工作，也是发挥大脑功能的前奏曲和主旋律。用脑做事，就是凡事都去想一想：这件事该不该做？怎么做？做了，利弊得失是什么？是马上做，还是放上三五天等时机更成熟时再去做？除自己想外，还要广开言路借助"外脑"想，从而使该做之事不但合乎程序，而且符合规律。

D

第5章

在窘境中虚怀若谷，稳步前行

第 6 章

榜样的力量，那些冲出窘境的人们

　　海伦·凯勒除了突破功能障碍学会说话，更奉献自己的一生，四处为残障人士演讲，鼓励他们肯定自己，立志做一个残而不废的人。海伦接受了生命的挑战，用爱心去拥抱世界，用惊人的毅力面对困境，终于在黑暗中找到了光明，最后又把这片光明传播给全世界。

第一节　从服务生到"影帝"

巨星成长的辛酸往事

国际巨星周润发出生在南丫岛一户贫穷的家庭里，父亲是海员，长年出海在外，母亲养鸡种菜，也常到别人家里帮佣。

中学毕业后，周润发的父亲积劳成疾，一病不起，家里已经无法负担供周润发上学的学费，他便过早地踏入了社会。在从事影视行业之前，服务生是他的第一份工作。周润发在美丽华酒店做的只是替客人搬抬行李的活，但他既勤快又很卖力气，很快就博得了客人的欢心。除了搬抬行李，他有时还按客人的吩咐，把他们的汽车洗得干干净净。

有一天，酒店的门口停了一辆豪华的劳斯莱斯轿车，下来一位大腹便便的富商，那富商吩咐周润发说："把车洗洗。"周润发从未见过这样漂亮的车子，不免有几分惊喜，于是答应得也十分爽快。他边洗边像见到宝贝似的摸这摸那。等清洗完后，整辆车耀眼无比，更令周润发惊叹不已。那晶亮的方向盘，像有一种强大的诱惑力，使周润发的双手都开始变得痒痒的。犹豫了好一阵子，他的手终于忍不住地伸向了车门。车门刚拉开，人还没坐进去，身后猛然响起一声炸雷："你在干什么？"周润发一惊，缩回身手，回头一看，只见领班正对他怒目相向，他不由得感觉全身一阵冰凉。还没等完全回过神来，领班便满脸阴云，瞪大眼睛，训斥道："像你这种人，一辈子也别想坐上劳斯莱斯！"周润发从没见过领班这副架势，他的心里刹那间像有一面鼓在敲打。他暗暗发誓：这一辈子一定要拥有一辆劳斯莱斯！他不仅要自己坐上劳斯莱斯，也要让母亲坐上这车，让自己的亲人与自己同享这一天！这一感觉是如此强烈，以至于许多年后，当周润发成为香港影视界头号明星时，他竟一口气买了五辆轿车，其中就有一辆超豪华劳斯莱斯轿车，他用它从乡下把母亲接到城里公寓居住，他开着它穿梭在香港的大街小巷和海滨公园，尽情地将郁积在心中的怨恨发泄一通。尤其是他驾车来到当年做服务生的那家酒店时，已由领班降为杂役的那个"领班"，更是目瞪口呆。他绝对想不到，当年的这一句话竟如此深地刺激了周润发。也绝想不到，当年的周润发如今竟会红遍天下而风光十足。因为在他看来，一辈子做服务生的人太多了，而周润发恐怕是极少数的例外。世上势利的人，不知是否知道这个故事，如果知道，他们是否可以稍微收敛一下自己呢？而为势利所欺面对窘境的人，尤其是年轻人，在知道这个故事之后，能否也能笑对人生，更加努力，就像周润发一样？

因一元小费被炒鱿鱼

尽管那一天被领班嘲弄了一番，但周润发依然对客人笑脸相迎，笑脸相送。他的殷勤，加上他的微笑，使他经常得到客人赏赐的小费。他在收取小费时，只是悄悄地、不露声色地装进口袋。其实酒店的服务生都这么做。可是，几天之后，麻烦却来了，周润发初次尝到了失业的滋味。

那天，周润发正在前厅值班，看见妹妹站在玻璃门外怯生生地朝着自己招手。"什么事？"周润发走出门去轻声问道。"哥，学校里组织郊游，要钱。"妹妹楚楚动人的眼睛里满怀着期望。她知道，哥哥决不会让自己在同学面前丢人的。"要多少？"周润发轻轻抚弄着妹妹的头发问。"十块呀，上周哥给了我五块，我没舍得用哩，还差五块。"

周润发默默地盘算了一阵，自己还有几块钱，不过是用来吃早饭的，顶多能从牙缝里省下两三块，看来只好寄希望于小费了。"好，今晚回家哥就给你。"妹妹刚走，便有一辆轿车停在了门口。车上走下一位金发的妇女。周润发一见，忙微笑着迎了上去。可能是周润发那特有的微笑感染了对方，也许是他身上的气质令人感到舒畅，那妇人指了指车后的行李，说了句很柔的英文，周润发虽不知道她在说什么，但明白她的意思，便笑吟吟地提起行李，送进了她下榻的房间。那妇人自然而然地用一块钱表示了她的感谢。那是一块有肯尼迪人头的钱币。周润发四下一望，见周围没有人，便赶紧接过钱塞进口袋。正在为自己和妹妹庆幸时，没料到，领班突然出现在他的面前。周润发不由得一阵慌乱，他知道想隐瞒是不可能了，还不如从实招认。于是，他伸进口袋把一块钱拿了出来，那一块钱摊开在他的手掌上。却不料领班依旧是一副极其威严的态度："还有吗？""没……没有了。"周润发的嘴唇颤抖了一下。他的话音刚落，领班紧接一句："你可以走了！""走？"周润发并没明白。领班却厉声地说："我说你可以回家了，这里再不需要你了！"这句话像晴天霹雳，初涉世俗的周润发立刻呆住了，他努力让自己保持镇定，眼里已噙满了泪水："就原谅我一次吧……""你去账台结完你的账就走吧，别再烦我！"领班说罢，头也不回地扬长而去。周润发呆了。他怎么也没想到，因为一块钱的小费竟被炒了鱿鱼。周润发就这样离开了美丽华酒店。

随后，周润发又做了杂工、邮差和售货员等工作，小小年纪就扛起了家庭的重担，为生活四处奔波。和很多同龄人相比，周润发过早地踏入充满挫折和荆棘的窘境，却没有因为身处窘境而灰心丧气，放弃奋斗和努力的机会。周润发获香港城市大学荣誉文学博士学位时，正值香港经济不景气之际，他鼓励香港人一起努力共度困难，他在致辞中说："做人最重要的是不怕受苦，肯做肯挨，总有出头日。"

第二节　只能挥动两根手指的 "宇宙之王"

对命运说 "随你的便"

霍金，被称为"宇宙之王"，他一生极富传奇色彩，在科学成就上，他是历史上最杰出的科学家之一。他是剑桥大学有史以来最为崇高的教授，是极负盛誉的卢卡逊数学教授。他拥有几个荣誉学位，是皇家学会会员。他因患卢伽雷氏症（肌萎缩性侧索硬化症），禁锢在一张轮椅上达40年之久。他却身残志坚，克服了残废之患而成为国际物理界的超新星。他不能写字，甚至口齿不清，可他超越了相对论、量子力学、大爆炸等理论而迈入创造宇宙的"几何之舞"。尽管他那样无助地坐在轮椅上，他的思想却出色地邀游到广袤的时空，解开了宇宙之谜。

斯蒂芬·威廉姆·霍金于1942年1月8日（伽利略逝世300年忌日）生于英格兰牛津。他的父母原住在伦敦北部，但在第二次世界大战期间，牛津被认为是一个生育孩子比较安全的地方。8岁的时候，霍金全家搬到圣·爱尔本斯，伦敦北面的一个小镇。11岁时，史蒂芬到圣·爱尔本斯学校上学，然后上牛津的"大学学院"（UniversityCollege）——他父亲上过的学院。尽管他父亲想让他学医，但他却想学数学。而大学学院没开数学专业，所以他选择了学物理。在大学学院学习三年，他被授予自然科学甲等荣誉学位。

如果不出意外的话，霍金的人生也可以说得上是一帆风顺了，然而命运却待他十分残酷。霍金21岁在剑桥大学读研究生时，患上了萎缩性脊髓侧索硬化症。医生说他最只能活两年半。原本朝气蓬勃的生命突然遭到这样严重的打击，霍金的人生面临着严峻的挑战。一旦他在面对逆境时选择软弱，对自己说："算了，反正一共只有两年半了。"就可能痛苦地生活，平庸地消失。然而，霍金心里想，反正不过是一死，命运的本领再大，最坏也不过如此。他对命运说："随你的便吧。"他对自己说："时间只有两年半，不算多，要努力做些有意义的事，让生命留下一点辉煌。"

病魔不断地向霍金进攻，他的病情渐渐加重，肌肉一天天地萎缩下去，走路越来越不稳，连站也变得困难起来。为了与咄咄逼人的疾病抗争，他努力锻炼。在此期间，霍金一直坚持靠自己的力量上楼。腿的力量弱了，他就用手拉着扶手艰难地走上楼去。随着病情不断地加重，霍金最终无法站立，坐上了轮椅。他的手指逐渐失去了活动的能力，十个手指中，只剩两个还能活动。

1984年，霍金说话已经相当困难，吐字不清，说几个词要花好长时间。1985年，他又得了肺炎，治疗时切开了气管，从此就再也不能发声，只能在心里跟自己讲话。后来，人们为他在轮椅上安装了一台电脑和语音合成器。他用仅有的两个完好的手指在键盘上敲出想说的单词，组成相应的句子，经过语言合成器发出声音来。他就用这个办法，进行学术交流，做学术报告。

在霍金顽强的坚持下，命运似乎也做出了让步。一个两年半过去了，又几个两年半过去了，他依然活着。霍金向命运的挑战，不仅仅是指他能活着，更是指他的创造。他走路、吃饭、说话全部都靠别人或机器帮忙，体重只剩40公斤。但是，他的大脑还很灵活。他让助手把资料摊在小桌上，一页页地阅读。他的身体并没有离开过轮椅，可是，他的思维却飞出了地球，飞出了太阳系，飞出了银河系，飞到了上百亿光年外的宇宙深处，飞向了神秘莫测的黑洞。他在大脑中想象着，论证着，推理着，计算着。他思考着宇宙从什么时候开始，时间有没有尽头。他发现了黑洞的蒸发性，推论出黑洞的大爆炸，他还建立了一种非常美的科学的宇宙模型。

用顽强拼搏的精神征服世界

霍金经过不懈的努力，成为伟大的天体物理学家。他写的科学著作《时间简史—从大爆炸到黑洞》风靡全球，发行量达1000万册。他被选为皇家学会会员，成为卢卡逊数学讲座的教授。他的事迹表明，人是可以向命运挑战的。

霍金虽然身体的残疾日益严重，但他却力图像普通人一样生活，完成自己想做的事情。他甚至是活泼好动的—这听起来有些蹊跷，他在已经完全无法移动之后，仍然用可以活动的两根手指驱动着轮椅在前往办公室的路上"横冲直撞"。当他与查尔斯王子会晤时，旋转自己的轮椅来炫耀时，不小心轧到查尔斯王子的脚趾头。

40年过去了，疾病已经渐渐地让他的身体彻底变形：他的头只能朝右边倾斜，肩膀也是左低右高，双手紧紧地并在当中，握着手掌大小的拟声器键盘，两只脚则朝内扭曲着。嘴已经歪成S型，只要想试着微笑，马上就会现出"龇牙咧嘴"的样子。如今，这已经成了他的标志性形象。他不能写字，看书必须依赖一种翻书的机器，读文献时必须让人将每一页平摊在一张大办公桌上，然后驱动轮椅像蚕吃桑叶般地逐页阅读。

当初医生诊断霍金患了绝症只能活两年，但他一直顽强地活了下来，并且正是在这种令人难以想象的艰难中成为世界公认的科学巨人。

比起整天被人众星捧月般的顶礼膜拜，霍金宁愿一个人静静地思考宇宙的命运。他的办公室门口通常会挂上一块木牌，上面写着："请保持安静，主人正在睡觉"。那多半不是真的，霍金只是不希望被外人打扰。此时他一定坐在这间有着高高天花板的舒适小屋里，安静地在电脑前工作上好几个小时。周围两三盆植物当中摆放的是他三个孩子的照片。每天下午4点，他会在护士的帮助下和研究生们交谈。他们喝着午茶，交流对宇宙的看法。如果有学生对他的理论提出质疑，他立即会给一个咧嘴的笑容。

霍金的魅力不仅在于他是一个充满传奇色彩的物理天才，更因为他是一个令人佩服的生活强者。他不断探索的科学精神和勇敢顽强的人格力量深深地感动了大众。有一次，在学术报告结束的时候，一位年轻的女记者抢先走上讲台，面对这位当时已在轮椅上生活了几十年的科学巨匠，她在深感敬仰之余，又带些悲悯的问道："霍金先生，病魔已把您永远固定在轮椅上，你不认为命运让你失去太多了吗？"这个问题显得有些唐突和过分，报告厅里顿时变得鸦雀无声，一片默然。霍金的脸上却依然充满了恬静的微笑，他用还能活动的手指，艰难地叩击键盘。于是，随着合成器的标准伦敦音，宽大的投影屏上缓慢而醒目地显示出一段文字："我的手指还能活动，我的大脑还能思维。我有终生追求的理想，有我爱和爱我的亲人朋友。对了，我还有一颗感恩的心。"观众们在心灵震颤之余，纷纷报以雷鸣般的掌声。人们纷纷拥向台前，簇拥着这位非凡的科学家，向他表示由衷的敬意。霍金不仅以他的成就征服了科学界，也以他顽强搏斗的精神征服了世界。

第三节　哈利·波特的"魔法妈妈"

《哈利·波特》是英国女作家J.K.罗琳创作的系列小说，被译成近70种语言，在国家和地区累计销量达4.5亿多册，并已改编成八部电影。创造出这个文学史上的奇迹的"魔法妈妈"J.K.罗琳，却曾经是一位靠政府救济金生活的单亲妈妈。究竟《哈利·波特》是在什么环境下诞生的？作者又克服了哪些挫折和坎坷，才将其完成的呢？

创作《哈利波特》的岁月

1990年的夏天，罗琳刚刚结束和男友的约会，从曼彻斯特乘火车赶往伦敦。那天火车开得非常缓慢，很长时间连动都不动。罗琳坐在车里，眼睛看着窗外的牛群，这时一个有着一头凌乱的黑发、长着绿色眼睛、带着一副圆眼镜的小男孩哈利·波特突然出现在罗琳的脑海里。

和很多作家一样，罗琳走到哪都有带着纸和笔的习惯，以便可以随时记录下一些想法。但那天很奇怪，她翻遍了书包，却只找到一支已经坏掉的笔。当时，她不仅没有一支铅笔，就连一支眉笔都没有，所以她只好努力用脑子记住那些冒出来的想法，而不能把那些细微的内容马上用笔记录下来。她说如果当时自己不是老老实实地坐在位子上，无所事事地任由思绪在哈利·波特的世界里自由驰骋，当时自己也不会冒出那么多的想象。之后她让自己放松下来，这个时候她意识到如果不能记住之前在她脑海里闪现出的那些片段，这就说明那些片段根本就不值得记下来。在回伦敦的路上，罗琳一直沉浸在这个故事里，但是在回到她的公寓之前，她什么也没有写下来。

从那天晚上开始，罗琳开始用一个很不起眼的小本子做笔记。她把当时所有在火车上想到的人物都写了下来，并进一步完善这些人物的细节，为他们起名字。她还罗列一些学生在这样魔法学院里可能学到的科目，最终她列出了7门课程。当罗琳记录下来这些最初的创作想法之后，就去睡觉了，因为她第二天还要去上班。

在罗琳创作哈利·波特6个月之后，罗琳的母亲因病去世了，随后她就搬到了葡萄牙去住，在那里她完成了几篇手稿。罗琳承认说第一本书的感情基调以及厄里斯魔镜的情形，就是她对母亲辞世的最直接的一种反应。最初在写第一本书的时候，她很自然地就把哈利写成了孤儿。6个月后当她自己的母亲去世时，她更加同情哈利这个没有双亲的小男孩，可怜他小小年纪就失去父母的疼爱，在厄里斯魔镜一幕里，哈利看到了自己内心的渴望，他看到爸爸妈妈对着他微笑。罗琳同自己笔下的人物一样，和自己母亲之间有着一种感情的联系。罗琳说，如果她能够通过这样一面镜子和母亲对话的话，那么她会告诉她所有关于自己女儿杰西卡的出生，有关她的书获得成功的事。罗琳希望她能与母亲再多待上一段时间，哪怕只有五分钟。她把自己对母亲的思念写进书中，使书中人物的情感更加深沉感人。

面对挫折永远不要放弃希望

1993年夏天，罗琳的女儿杰西卡出生，她的写作也越来越顺利。《哈利·波特与魔法石》的前三章也写得几乎和问世后的新书一致，剩余的内容也写得十分顺手。随后罗琳和女儿于那一年的年末离开了葡萄牙，来到她妹妹黛安娜家，她把笔记和手稿也一同带了过去。

那时她刚刚离婚，带着女儿搬到了爱丁堡。罗琳说当时自己情绪十分低落，在对自己和生活都失去了信心的情况下，如果不是妹妹黛安娜一听到哈利·波特的故事就那么喜欢，笑着读完，给了她很大鼓舞的话，她都不知道自己是不是能继续写下去。直到那时，罗琳已经为这个故事付出3年的心血了。

虽然罗琳坚决地要把哈利·波特的故事创作完，但是她还要养育一个孩子，所以她需要想办法多赚一些钱。当罗琳发现在爱丁堡当一名法语老师的话，需要教更多的课来获得报酬，这样才能维持自己和女儿的生活。她面对的困难和每个单身母亲遇到的都是相同的——怎样才能在照顾孩子的同时，利用有限的资源提高自己来适应职场的需求。罗琳是一个自尊心强、好面子的人，她知道要靠自己出去赚钱，即便她对生活的要求很简单。于是罗琳收起她的面子，申请了政府补助，还去了专业咨询师那里，希望把自己的生活理出个头绪来。与此同时，她一直坚持创作。

罗琳在爱丁堡居住的这段时间，每天都过得十分忙碌。在购置生活用品，给杰西卡喂完奶、穿好衣服之后，罗琳要去做咨询；为了拿到教师资格证书要写作业，为了确保拿到政府的救助金还要和妹妹一起做回访。与此同时，她还兼职做秘书，或是找一些让她足够支付托儿费并且稳定的工作。此外，一天当中她还要抽一点时间出来，推着小车带杰西卡出去散步。

1995年，罗琳参加了在莫雷学院主办的教师资格证书考试学习班，这是当时由赫里奥特·沃特大学资助的一个项目，现在改为爱丁堡大学资助了。因为受到一位不知名的好心人捐助，罗琳从那年夏天起已经不再需要领政府救济金了。白天她把女儿送到托儿所，而自己可以全神贯注地读书。

虽然为了确保女儿和自己的生活，同时为了提升自己的竞争力，她不得不去进修，但罗琳也从没间断过创作。对她来说，看见宝贝女儿就在身旁，手边有书稿要创作，这两件事情是她生活中不可或缺的事情。她利用完成作业的间隙用学校的打字机完成了全部书稿的打字工作。虽然她并没有意识到小哈利会从此为她带来丰厚的经济收入，但是哈利·波特确实在某些方面帮助着她，救她于困苦时刻。最终，在5年之后的1990年的夏天，当她从伦敦赶往曼彻斯特的火车站时，她头脑中的小男孩已经准备好要面对我们的广大读者了。因为没有足够的钱复印自己的手稿，罗琳用打字机把自己的手稿完整地打了两份出来。此刻，她已经准备齐全，就等着将稿子寄出了。

"为什么我说失败是有好处的？因为失败将那些非本质的东西剥离了，我不再伪装自己，我找到了真正的我。我将所有的精力都投入到我最重要的也是唯一的工作中去—写小说。如果我此前在其他方面成功过，那么，我也许永远不会下这样的决心。我自由了，因为我最大的恐惧已成为现实，而我依然活着，有一个可爱的女儿，还有一台旧打字机和一个大大的梦想。我生命中的最低点也是我重建生活的坚实基础。"她告诫年轻人：面临挫折时，永远不要放弃希望。

第五节　海伦·凯勒拥有的光明

20世纪，一个特别的生命个体用勇敢的方式震撼了世界，她就是海伦·凯勒——一个生活在黑暗中却又给人类带来光明的女性，一个活在无光、无声、无语的孤独岁月中的女子。可是，这样一个幽闭在盲聋哑世界里的人，居然毕业于哈佛大学德吉利夫学院，并用生命的全部力量处处奔走，成立一家家慈善机构，为残疾人造福，被美国《时代周刊》评选为20世纪美国十大英雄偶像。

创造这个奇迹，全凭一颗不屈不挠的心。海伦接受了生命的挑战，用爱心去拥抱世界，用惊人的毅力面对困境，终于在黑暗中找到了光明，最后又把这片光明传播给全世界。她祈祷可以拥有三天的光明去感受这个世界，使她感知身边的一切。海伦·凯勒想看到的事物实在是太多太多了，然而这却只是一个绮丽的梦。

不幸的童年

海伦·凯勒出生在美国亚拉巴马州的塔斯比亚城。她天生聪明伶俐，出生不到六个月，便能清楚地说出几个简单的单词，对周围事物的感受性也非常敏锐。海伦·凯勒刚满周岁那年，一天傍晚，母亲放了一盆热水为她擦洗身子。然而，当母亲自浴盆把海伦抱起来放在膝盖上，正想拿条大毛巾给她包裹身子的时候，海伦·凯勒的目光，忽然被地板上摇晃不定的树影吸引过去。她入神地看着，眼珠子动也不动一下，而且还忍不住伸长小手扑了过去，似乎很想揪住那些树影。当时，母亲虽然已经注意到海伦的眼神，但是在母亲的眼里，树影只是生活中很平常的自然现象，没什么值得吃惊的。所以，她万万没有想到海伦·凯勒会使所有的力气往前倾，结果不小心手一滑，竟让海伦滑倒在地上，哇哇大哭个不停。母亲知道女儿受了惊吓，急忙把她搂进怀里，连哄带骗了好一阵子，海伦·凯勒才安静了下来。过了不久，母亲一个人静静回想这件事情发生的经过，她发现海伦的观察力好像特别敏锐。通常一个周岁大的婴儿，应该是懵懵懂懂的，对什么事情都没有深入了解的倾向，可是海伦却有特别细腻的感情，甚至想用自己的四肢去感受变化的奇妙。自然，跟大人比起来，海伦凯勒的表现并不成熟，但如果跟其他的孩子相比，算得上是与众不同的了。而作为父母，能幸运地生下一个有天赋的小孩，自然是开心得不得了。每当亲朋好友到家里做客，一旦谈起海伦·凯勒，母亲心满意足的喜悦，就会自然而然地从言谈中表露无遗，她畅想着女儿的美好未来。

然而这样一个天资聪明的孩子，却在十九个月大时，莫名其妙地生了一场大病。这场病不仅夺走了父母心中的希望，更使海伦·凯勒变成一个看不见也听不见的小女孩。

海伦·凯勒五岁的时候，她的妹妹密尔特蕾特出生了。海伦不知道那是妹妹，她每次不能马上吃到饼干，把洋娃娃放进摇篮里时，能感觉到有一个软软的东西在里面；每次想爬到妈妈的膝盖上时，那个软软的东西已经在上面了。有一次，她推翻了妹妹的摇篮，如果不是妈妈及时赶来，她的妹妹也许就会摔死。但是对于这一切，看不到也听不到的小海伦却没有任何歉疚感。她的脾气越来越暴躁，直到莎莉文老师的到来。

为了让身患残疾的海伦也能健康正常的成长，父母聘请莎莉文老师做海伦的导师。她们认识没有几天就相处得很融洽，而且海伦·凯勒还从莎莉文老师那里学习怎样认字。一天，从莎莉文老师在海伦的手心写了"water"（水）这个单词，海伦总是把"杯"和"水"混在一起分不清。但莎莉文老师并没有放弃海伦，她带着海伦走到水井房边，把海伦的小手放在水管口下，让清凉的水滴滴在海伦的手上。接着，莎莉文老师又在海伦凯勒的手心，写下"water"（水）这个单词，之后海伦·凯勒就牢牢记住了，再也没有混淆过。由于听不到声音，也看不到口型，海伦根本不会说话，无法和外界沟通。莎莉文老师为此替海伦·凯勒找了萨勒老师，让郝博士教导她利用双手去感受别人说话时嘴型的变化，以及鼻腔吸气、吐气的不同，来学习发音。自然，这是一件非常困难的事，为此，海伦·凯勒不得不反复练习发音，有时为发一个音就要练习几个小时。失败和疲倦让她心力交瘁，她也曾为此流下过绝望的泪水。可是她始终没有退缩，日复一日地刻苦努力，终于可以流利地说出"爸爸""妈妈""妹妹"这些单词，令全家感动不已。

进入剑桥女子中学的第二年，海伦满怀希望，心里充满了必胜的信心。但在最初的几个星期，她就遇到了意想不到的困难。吉尔曼先生建议她在这一年应该主要学习数学，可是她当时要学习的课程主要有物理、代数、几何、希腊语、拉丁文等。不巧的是，很多需要的书还没有制成盲文课本，而且在一些科目上缺少必要的学习工具。这些课都是很多人一起上，老师不可能单独为海伦做辅导。她的启蒙老师莎莉文只好把所有的课本读给她，还要翻译老师讲课时所说的话，这明显有些力不从心。

一开始，海伦在学习代数、几何和物理科目时有些束手无策，因为有些练习必须在课堂上完成。后来家人购买了一台盲文书写器后，她的学习才得以顺畅进行。海伦看不到画在黑板上的几何图形，莎莉文老师只好用直的和弯的铁丝在垫子上摆出相应的形状，让海伦去感觉。总之海伦在学习的路上，充满了困难与阻碍。她也曾失落过好一阵子，但随着盲文书及一些学习用具的添置，她又恢复了自信，重新投入到学习中去。

在逆境中崛起

海伦的作品《我生活的故事》《石墙之歌》《走出黑暗》《乐观》等，都在世界范围内产生了影响。海伦的最后一部作品是《老师》，她为了写这本书搜集了20年的笔记和信件，但是这些材料和四分之三的文稿却都在一场火灾中被烧毁。如果换做另一个人也许会心灰意冷，可海伦痛定思痛，更加坚定了完成它的决心。她一声不吭地坐到了打字机前，开始了又一次艰难的创作。10年之后，海伦完成了书稿。她很欣慰，这本书是献给莎莉文老师的一份厚礼，莎莉文老师也为此而感到无比骄傲。

"苦难对于天才是一块垫脚石……"正是苦难铸就了海伦·凯勒坚强的性格。她作为一个盲聋哑的残疾人却有着比正常人更健康的心理。她用自己所能感受到的、想象到的情景，表达自己对知识的渴望以及对生命的真挚热爱。她以自己的亲身感受告诫他人，健康的心理是人类成功的最基本条件，有健康的身体而没有健康心灵的人，是不可能成就一番事业的。具有健康心理的人，即便是身体残疾也不会埋怨命运的安排，不接受和乞求他人的怜悯，他们会凭着自我坚强的毅力到达理想的彼岸。

盲人作家海伦·凯勒除了突破功能障碍学会说话，更奉献了自己的一生，四处为残障人士演讲，鼓励他们肯定自己，立志做一个残而不废的人。海伦·凯勒这份爱心，不但给予残障人士十足的信心，更激起各国人士正视残障福利，各国纷纷设立服务机构，辅助残障人士健康快乐地生活。

有位哲学家曾经说过："勇敢寓于灵魂之中，而不是一副强壮的躯体。"这正是对海伦的真实写照。看过《假如给我三天光明》的人应该都知道她的不幸。

在一般人眼里，这样不幸的人生，还能有什么收获呢？然而海伦却创造了一个又一个奇迹。她不仅考上了哈佛大学，而且一生中写了14部著作，她还多方奔走，在全美建起了多家慈善机构，办成了健康的人也不一定办得到的事。海伦凭着一颗坚强的心，最终在逆境中崛起，身虽残但志不残。

第六节　坐在轮椅上的总统

美国历史上唯一一位连任四届的总统富兰克林·德拉诺·罗斯福，是一位坐在轮椅上的总统。自从美国著名诗人惠特曼写给美国前总统林肯一首名为《船长，我的船长》的诗以后，很多美国人都开始把受他们爱戴的总统称为"船长"。在拥有200多年历史的美国，出现过几十位这样的"船长"，但罗斯福显然是与众不同的，尽管他人坐在轮椅上，却带领美利坚合众国这艘巨轮渡过严重的经济危机，走向繁荣，赢得战争，成为超级大国的"船长"。

在第二次世界大战即将迎来最终胜利的前夕，罗斯福总统离开了人世。尽管罗斯福已经去世了几十年，但美国人民仍旧对他念念不忘，这位"坐在轮椅上的船长"所取得的功绩使他被公认为是和华盛顿、林肯相比肩的美国历史上最伟大的总统之一。

超级船长成长记

1882年1月30日，富兰克林·罗斯福在纽约州哈德逊河河谷海德公园附近的一个名门望族出生。命运给予他英俊的容貌、善良的性格和聪明的大脑。他的父亲詹姆斯·罗斯福是一个百万富翁，似乎没有一个美国总统的童年能像富兰克林·罗斯福的童年那样幸福和安逸。罗斯福出生的时候，他的父亲已经50多岁了，和儿子的年龄相差这样大，所以对罗斯福十分溺爱。而同父异母的大哥罗西比罗斯福大28岁，也经常给予他父亲般的呵护。

金钱上的富足使富兰克林·罗斯福从小就能受到良好的教育，家里专门为他聘请了家庭教师。在罗斯福4岁的时候，就已经跟随父母到欧洲各国游览，开阔了眼界。之后，他在富家子弟的寄宿学校格罗顿公学读书，直到考入哈佛大学。

1901年，罗斯福加入共和党人俱乐部，开始了自己的政治生涯。同样在这一年，他的远房堂叔西奥多·罗斯福称为美国历史上最年轻的总统。后来，罗斯福和西奥多·罗斯福总统的侄女埃莉诺喜结良缘，为自己进入政界奠定了基础。

罗斯福决心像堂叔一样进入政界，并在1910年找到了机会。他打算竞选纽约参议员，可是却以民主党候选人的身份出现。当他把这个决定告诉身为共和党人的总统叔叔时，对方生气地骂道："你这个卑鄙的家伙！你这个叛徒……"

然而，富兰克林·罗斯福并没有因此而改变前进的方向。他每天进行十多场演说，最终当选纽约参议员。1913年，身为美国总统的威尔逊任命他为海军助理部长。罗斯福在任七年，表现杰出。1920年，38岁的罗斯福甚至被提名为副总统候选人。尽管这次竞选以失败告终，但他作为政治新星的光芒却丝毫没有减弱。

就在富兰克林·罗斯福要在政坛上一展拳脚的时候，他染上了可怕的脊髓灰质炎。那年夏天，罗斯福和家人乘一艘帆船去度假。在扑救了一个小岛上的林火后，为了缓解疲劳，全家又在湖水中畅游了一段时间。回到家里，罗斯福感到浑身疼痛、发冷，第二天早晨当妻子为他送来早餐时，罗斯福的左腿已经感到无力，几天之后，发展到背部和双腿的剧烈疼痛，并且高烧不退，暂时失去了对身体机能的控制。那一年，罗斯福只有39岁，正处于年富力强的时候，雄心勃勃的他原本准备重整旗鼓大干一番。然而，出师未捷，他却患上病，永远瘫痪在床。

高烧、疼痛、麻木以及终生残疾的前景并没有让罗斯福放弃信念和理想，他一直坚持不懈地锻炼，希望能够恢复站立和行走能力，他进行疗养的佐治亚温泉被大众称之为"笑声震天的地方"。

在养病期间，这位美国未来的"船长"有一个爱好就是制作船模，并在朋友的帮助下划上小船到河里去试航。同时，他阅读了很多美国历史、政治方面的书籍。在这段时间里，罗斯福的性格也产生了很大的变化，他变得温和、谦逊、平易近人。他把与疾病斗争、积极锻炼身体看成是一件非常快乐的事情。工作之余，他竭尽全力进行体育锻炼，对自己要求非常严格，甚至有些苛刻。就连他的一位好朋友——当时的美国拳击冠军都说："罗斯福的肩部肌肉是我所见过的人当中最强健的。"

通过这段挫折的锤炼，罗斯福的眼界和思路更开阔了。他学会尊重并理解和自己不同的观点，对那些饱受折磨并需要帮助的人充满了深切的同情。他一天天地成熟起来，从一个轻浮的年轻贵族变为一个能体察下层人民的人道主义者，而正是这一点使他最终入主白宫。

握住命运的舵盘

利用一副钢和皮革制作而成的双腿支架，罗斯福终于可以在别人的搀扶下站立和行走了。经过7年的养精蓄锐，他重新走上政坛，并在1928年成为纽约州州长。随后，他开始了向总统宝座的冲刺。1932年11月8日，罗斯福以2280万票对1575万票的优势，成功当选美国总统，坐着轮椅入主白宫。这位坐在轮椅上的"船长"终于把握住了巨轮的舵盘。

在罗斯福的总统任期内，经历了两次美国历史上空前的困难时期，一次是20世纪30年代的经济危机，另一次则是珍珠港事件。

在罗斯福初次担任总统的1933年初，正赶上经济大萧条的风暴席卷美国的时候，四处是失业、破产、倒闭、暴跌的萧条现状，到处可见美国人的痛苦、恐惧和绝望的情绪。面对这样的困境，罗斯福却表现出一种临危不乱的自信，他在宣誓就职时发表了一篇富有感染力的演说，告诉人们："我们唯一害怕的就是害怕本身。"在1933年3月4日那个阴冷的下午，新总统的决心和乐观豁达的积极态度点燃了举国同心同德的新精神之火。

罗斯福从整顿金融开始，在被称为"百日新政"的3月9日至9月16日的短时间内，制定了15项重要立法，并借此让美国的工业、农业逐渐恢复。第一个任期结束的1936年，国民收入取得了50%的增幅，罗斯福描述道："此时此刻，工厂机器齐奏乐曲，市场一片繁荣，银行信用坚挺，车船满载客货往来奔驰。"

1941年12月7日，日本法西斯偷袭珍珠港，令美国遭遇到了最惨痛的打击。事件发生的第二天，罗斯福代表美国对日宣战。他发表了六分半钟的演说，这个简短的演说对美国乃至世界都产生了深远的影响，他说："不论要用多长的时间才能战胜这次预谋的入侵，美国人民一定要以自己的正义力量赢得绝对的胜利。"

在之后严酷的战争中，罗斯福带领美国，成为反法西斯的伟大斗士。他提出了"把战争带给敌人，带到敌人的本土上去"的战略思想，决策了进攻北非，破格任命艾森豪威尔等人的指挥权，这对当时和未来的战争以及当时和未来的美国，都有着特殊的意义。他尽全力开动了新大陆的战争机器，用他优秀的政治才能，坚定的信心号召全美人民为反法西斯战争的胜利做出了重大贡献。

之后，美军和盟军在西线战场以迅速的攻击横扫北非、西欧，直捣柏林。为了彻底摧毁法西斯以及战后的和平安排，这位连任4届的"轮椅总统"不顾残疾之躯，几次三番漂洋过海，和斯大林、丘吉尔等大国首脑会谈。可惜在最后的胜利到来之前，他于1945年4月12日告别了这个世界。

这位坐了20多年轮椅的伟人，战胜了残疾，战胜了对手，战胜了经济萧条，战胜了法西斯。对于美国人来说，他带领美国成为世界超级大国。对于世界来说，他参与奠定了一个新的全球政治格局；对于身体残障的人来说，他用一生的篇章告诉我们：无论是总统还是平民，当厄运到来时要紧紧把握住自己命运的舵盘，让生命之舟扬帆远航。